U0175729

二狗妈妈的小厨房之
爆款美食

乖乖与臭臭的妈　二狗爸爸　编著

辽宁科学技术出版社
·沈　阳·

图书在版编目（CIP）数据

二狗妈妈的小厨房之爆款美食 / 乖乖与臭臭的妈，二狗
爸爸编著 . — 沈阳：辽宁科学技术出版社，2020.10
ISBN 978-7-5591-1710-6

Ⅰ . ①二… Ⅱ . ①乖… ②二… Ⅲ . ①食谱
Ⅳ.①TS972.12

中国版本图书馆 CIP 数据核字 (2020) 第 152419 号

出版发行：辽宁科学技术出版社
（地址：沈阳市和平区十一纬路 25 号　邮编：110003）
印 刷 者：辽宁新华印务有限公司
经 销 者：各地新华书店
幅面尺寸：170mm×240mm
印　　张：16
字　　数：320 千字
出版时间：2020 年 10 月第 1 版
印刷时间：2020 年 10 月第 1 次印刷
责任编辑：卢山秀
封面设计：魔杰设计
版式设计：李英辉
责任校对：徐　跃

书号：ISBN 978-7-5591-1710-6
定价：59.80 元

联系电话：024-23284740
邮购热线：024-23284502

扫一扫美食编辑

投稿与广告合作等一切事务
请联系美食编辑——卢山秀
联系电话：024-23284740
联系QQ：1449110151

写给您的一封信

翻开此书的您：

您好！无论您出于什么原因，打开了这本书，我都想对您说一声谢谢！

近几年来，网红食品层出不穷，不断冲击着我们的视觉，挑战着我们的味蕾……每当一款网红食品出现，不知道您会不会和我一样，想尝一尝，想试做一下，还想探究这款美食火爆的缘由……我就是这样，不仅要尝一尝，还要想办法尝试复制这些网红食品，看看我做出来的和人家卖的味道有何不同……重要的是，我不纠结我的做法是不是正宗，因为您就算去寻找最正宗的制作方子和原材料，也未见得能做出人家本尊那种味道。我想，差不多就行吧，好吃才是王道嘛！如果您认同我的这个想法，不去纠结我的这本书里所有方子都是"冒牌货"的话，请打开这本书，和我一起来享用美食吧！

说起这本书的创作，我不得不提一下我的那个他，也就是你们熟悉的二狗爸爸，我从来没有想过把网红食品集结起来出一本书，就是他提的建议。他说，网红食品之所以网红，都有它们红的道理，好吃一定是前提，其次有可能是造型，也有可能是包装，无论如何，咱们的《二狗妈妈的小厨房》系列丛书应该有它们的一席之地。平日里不爱说话的他，讲起事情来还真是头头是道，我欣然答应，但因工作繁忙，这本书一直没有很快地进行创作，直到2020年的这个特殊的冬天。"新冠肺炎"疫情突然到访，原本才七天的假期一下子变得十分漫长，二狗爸爸说，趁这个假期，咱响应国家号召，宅在家里不出门，踏踏实实做书稿吧！于是，这本书稿就在这个特殊的冬季创作出来了！

我们的图书出版时，我国的疫情已经得到有效控制，大家的生活逐步恢复正常。在过去几个月里，我无数次被抗疫期间报道的人和事感动到泪目，也无时无刻不为自己是一名中国人而骄傲和自豪，我们的祖国，真的好伟大！

本书共分为4个章节，分别是：爆款蛋糕、爆款面包、爆款甜品、爆款中式美食。一共收录了98个美食方子，每个方子都是曾经火爆一时或者是经久不衰的美食。因为我的能力有限，不能把所有的网红食品囊括进来，只能挑选了一些易上手、好制作的进行收录。如果您在制作过程中，觉得书中和您常吃的美食做法有差别，或者是味道上有差距，还请您见谅，我对美食的理解一直是：利用您身边方便得到的食材，做到您想要的味道，不拘泥，不

较真，好吃就行。考虑到读者在家操作的简便性，本书所有液体均用电子秤称量，不需再用量杯。当然，如果您非说做法不对，那也欢迎您来"拍砖"，我再努力修炼后改正。

我是上班族，虽然这本书稿的制作时间比较充裕，但因条件有限，做出的成品只能在摄影灯箱里拍摄，如果您觉得成品的图片不够漂亮，还请您多原谅。本书所有图片均由我家先生全程拍摄，个中辛苦只有我最懂得。本书面世之年，是我和先生结婚17周年，感谢先生一如既往的全力支持和陪伴，希望我们就这样互相陪伴一辈子……

感谢辽宁科学技术出版社，感谢宋社长、李社长和我的责任编辑"小山山"，谢谢你们给了我一个舞台，让我完成自己的梦想！感谢每一位参与《二狗妈妈的小厨房》系列丛书的工作人员，你们辛苦啦！

感谢我所就职的工作单位——中国工商银行，感谢我的领导和同事！单位"工于致诚，行以致远"的企业文化，造就了现在的我，领导和同事的支持认可，都让我在自己的业余爱好中有了底气，让我有了前进的勇气，让我有了努力的动力！

感谢我的粉丝们，感谢"二狗妈妈的小厨房"所有群组的每一位，如此长时间地跟随和陪伴，让我可以在你们面前保持真我，不随波逐流。在物欲横流的现在，为了不辜负你们的信任，也为了不改自己的初衷，我会坚持我的原则"不代言，不收钱，不做团购"，踏踏实实地工作、生活，分享美食，分享快乐！

感谢我的闺蜜大宁宁，在每一个重要的时刻，都陪伴着我！

感谢虎哥背着我的书走南闯北，在每一次直播中都不遗余力地为我宣传，跟我分享很多资源和渠道。虎哥，谢谢你，有你真好！

感谢所有为我线上线下活动提供奖品的厂商，我的特立独行，你们没有嫌弃，而是更加信任和支持，让我可以锦上添花……

感谢我的家人们，毫无保留地支持我！

最后，我想告诉大家，本书是《二狗妈妈的小厨房》系列图书的收官之作了。四年间，是你们见证了《二狗妈妈小厨房》系列图书的诞生，这八本书承载了太多太多的爱，感恩、感谢已不能表达我的心情，只有把最真诚的祝福送给大家：

健康！快乐！幸福！平安！

二狗妈妈：王银霞

2020年8月30日

C目录NTENTS

第 1 部分
爆款蛋糕

第 2 部分
爆款面包

第 3 部分
爆款甜品

第 4 部分
爆款中式美食

　　我是从"草莓炸弹"开始认识网红蛋糕的，当时好多亲亲私信我：做个草莓炸弹吧，很多私房都在卖这款蛋糕，超级好吃的……我去网上搜索了一下，噢，原来就是个半圆形的草莓慕斯蛋糕，装饰得比较特别嘛，这有何难？于是，我就用自家的大碗做了这款蛋糕，效果也是很不错的。自此，私信里就会不断有人给我提建议：半熟芝士、盒子蛋糕、抱抱蛋糕、脏脏蛋糕……每一款都是非常流行且口味独特的，于是，我就在大家的帮助下，一个一个地去攻克这些看似复杂的"难题"。我知道，大家是因为相信我，才会让我做这些美食，因为我的配方比较容易操作……感谢你们，让我一步步成长……

　　本章节一共收录了 27 款爆款蛋糕，每一款都是大家非常熟悉的，和市售的不太一样的是，我的蛋糕都不太甜腻，用糖量不高，如果您爱甜的话，还请自己增加糖的用量哟！

第 1 部分

爆款
蛋糕

奥利奥咸奶油蛋糕

奥利奥咸奶油蛋糕以自己独特的口感瞬间俘获众多吃货的心，相信您吃了也会和我一样：爱了爱了。

原料

○ 蛋糕部分：
牛奶130克
可可粉20克
玉米油50克
低筋粉80克
鸡蛋6个
（每个带壳约65克）
糖80克

糖25克
盐2克
奥利奥饼干碎40克
第二次打发：
淡奶油260克
糖10克
盐1克
奥利奥饼干末20克

○ 奥利奥咸奶油：
第一次打发：
淡奶油600克

○ 表面装饰：
奥利奥饼干、草莓、
长棍饼干（固定用）

5. 筛入 80 克低筋粉。

6. 搅匀，此时非常浓稠，不要紧。

7. 6 个鸡蛋分开蛋清蛋黄，蛋黄直接放在可可面糊中。

做法

1. 将 70 克牛奶倒入小奶锅，20 克可可粉放入盆中。

8. 把可可面糊和蛋黄搅匀备用。

2. 把小奶锅中的牛奶加热至微沸，立即把热牛奶倒入可可粉盆中。

9. 6 个蛋清加入 80 克糖打发，至提起打蛋器有短而尖的硬挺小角。

3. 搅匀。

10. 取 1/3 蛋清放在可可面糊中。

4. 加入 60 克牛奶、50 克玉米油，搅匀。

11. 翻拌均匀后倒入蛋清盆中。

12. 翻拌均匀。

19. 用电动打蛋器打发至比较浓稠的状态。

13. 把蛋糕糊倒入两个 6 英寸（1 英寸 =2.54 厘米）圆形戚风蛋糕模具中，抹平表面。

20. 先在 8 英寸蛋糕垫片中间抹一点打发好的奥利奥咸奶油，取一片蛋糕放在中间。

14. 轻震出大气泡后，送入预热好的烤箱，中下层，上下火，170℃ 40 分钟，上色后及时加盖锡纸。

21. 抹一层奥利奥咸奶油。

15. 出炉后，立即倒扣在凉网上，等待凉透。

22. 依次放一片蛋糕、抹一层奶油，再放一片蛋糕、抹一层奶油后，将三四根长棍饼干从上按到底，固定整个蛋糕。

16. 脱模后把每个蛋糕从中间切开，我们就得到了 4 片蛋糕，备用。

23. 把第四片蛋糕片放在上面稍按压。

17. 40 克奥利奥饼干碎装入保鲜袋，擀成细末备用。

24. 把盆中所有的奥利奥咸奶油都倒在蛋糕顶部，慢慢抹在蛋糕顶部和侧面，尽量抹平。

18. 600 克淡奶油倒入盆中，加入 25 克糖、2 克盐、40 克擀好的奥利奥饼干末。

25. 260 克淡奶油倒入盆中，加入 10 克糖、1 克盐、20 克擀好的奥利奥饼干末。

26. 用电动打蛋器打发至非常浓稠的状态。

27. 装入裱花袋，在蛋糕底部和顶部挤出自己想要的花，装饰草莓和奥利奥饼干就可以了。

◀二狗妈妈碎碎念▶

1.如果不想要加高版，所有原料减半即可。

2.用长棍饼干固定整个蛋糕，运送过程中不易歪斜走形。

3.淡奶油我分了两次打发：第一次打发至比较浓稠即可，用来夹层和抹面，抹面也比较容易抹得平整一些；第二次打发至非常浓稠，用来裱花，花型会硬挺一些。

4.表面装饰随您喜欢，不一定和我的一样。

奥利奥咸奶油盒子蛋糕

奥利奥咸奶油真的是一款人见人爱的美食，随便和一片面包或一片蛋糕搭在一起，就美味得不得了……

🍚 原料

○ 蛋糕部分：　　　　糖30克
牛奶90克　　　　　　盐2.5克
玉米油30克　　　　　奥利奥饼干碎60克
低筋粉50克
可可粉10克　　　　　夹层用奥利奥饼干
鸡蛋4个　　　　　　　碎300克左右
糖40克
　　　　　　　　　　○ 数量：
○ 奥利奥咸奶油：　　3个盒子（709毫升）
淡奶油600克

5. 4个鸡蛋分开蛋清蛋黄，蛋黄直接放入可可面糊中，蛋清盆中一定无油无水。

6. 把可可面糊和蛋黄搅匀备用。

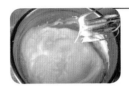

7. 蛋清盆中加入40克糖打发，至提起打蛋器，打蛋器头上有个长一些的弯角。

👨‍🍳 做法

1. 将90克牛奶倒入小锅，加入30克玉米油。

8. 取1/3蛋清放在可可面糊中。

2. 搅匀后，小火加热至微沸。

9. 翻拌均匀后倒入蛋清盆中。

3. 筛入50克低筋粉、10克可可粉。

10. 翻拌均匀。

4. 搅匀，静置5分钟。

11. 倒入铺好油布的28厘米×28厘米方形烤盘中，用刮板抹平。

12. 轻震几下后，送入预热好的烤箱，中下层，上下火，190℃ 12分钟。

17. 把打发好的奥利奥咸奶油装入裱花袋，在蛋糕片上均匀地挤一层。

13. 出炉后把蛋糕片移到凉网上，凉透后翻面，撕去油布备用。

18. 撒一些奥利奥饼干碎。

14. 把蛋糕片分成6份备用。

19. 在每个盒子里各放一片蛋糕片，轻压。

15. 将600克淡奶油倒入盆中，加入30克糖、2.5克盐、60克奥利奥饼干碎（擀成末）打发至非常浓稠的状态备用。

20. 再挤一层奥利奥咸奶油，撒一层奥利奥饼干碎。

16. 3个709毫升的盒子底部各铺一片蛋糕片。

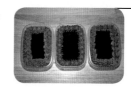

21. 把盆中没有用完的奥利奥咸奶油装入有星星花嘴的裱花袋中，在盒中表面挤一圈奶油花装饰。

二狗妈妈碎碎念

1. 牛奶和玉米油加热时一定要注意不要过热，锅边稍有点起小泡就可以了，如果发现加入粉类后太干，可以再加一点儿牛奶调整，蛋黄糊最后的状态应该是顺滑的、可流动的。

2. 淡奶油中加入的60克奥利奥饼干碎一定提前装入保鲜袋，用擀面杖擀得细一些，不然打发好的淡奶油会堵住裱花嘴，最后装饰的时候不好看。

3. 盒子大小随意，用709毫升的正好可以做3盒，如果用别的容量的，那蛋糕片要分成和您用的盒子大小一致。

便当盒子
蛋糕

请收下！

拿上几个便当盒子出去玩吧！三五成群席地而坐，你吃一盒我吃一盒，多快活！

原料 🏭

○ 蛋糕片：
鸡蛋4个
玉米油30克
牛奶60克
低筋粉60克
糖30克

○ 原味淡奶油和抹茶淡奶油
淡奶油300克
糖10克
抹茶粉5克

○ 奥利奥咸奶油：
淡奶油140克
糖5克

盐1克
奥利奥饼干碎30克

○ 夹心材料和装饰材料：
新鲜水果适量
蜜豆适量
奥利奥饼干碎适量
奥利奥饼干1块

👨‍🍳 做法

1. 28厘米×28厘米方形烤盘铺油布备用，烤箱190℃预热。

7. 挖一大勺蛋清到蛋黄盆中。

2. 4个鸡蛋分开蛋清蛋黄，装蛋清盆中一定无油无水。

8. 翻拌均匀后倒入蛋清盆。

3. 蛋黄盆中加入30克玉米油，搅匀。

9. 翻拌均匀后倒入烤盘中。

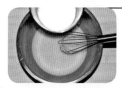

4. 加入60克牛奶，搅匀。

10. 抹平表面，轻震几下后送入预热好的烤箱，中层，上下火，190℃12分钟。

5. 筛入60克低筋粉，搅匀备用。

11. 出炉立即揪着油布边把蛋糕片移到凉网上。

6. 蛋清盆中加入30克糖打发，至提起打蛋器，打蛋器头上有个长一些的弯角。

12. 把蛋糕片翻面后，撕去油布，用一个直径约10厘米的圆盒（或4英寸圆形蛋糕模具）扣出6个圆形蛋糕片备用。

13. 3个便当盒子表面用普通马克笔画出自己喜欢的图案。

20. 另取一个盆，将140克淡奶油倒入盆中，加入5克糖、1克盐打发至硬挺状态后，加入30克奥利奥饼干碎（擀成末）拌匀。

14. 打开便当盒子，在上盖处用食用色素笔画出自己喜欢的图案备用。

21. 把第三个盒子打开，铺油纸后，放入一片蛋糕片，把奥利奥咸奶油装入裱花袋。

15. 将300克淡奶油倒入盆中，加入10克糖打发至非常浓稠的状态。

22. 在蛋糕片上挤上奥利奥咸奶油后，撒一些奥利奥饼干碎。

16. 取一半打发好的淡奶油装入裱花袋，在盆中加入5克抹茶粉，搅匀备用。

23. 再盖一片蛋糕片后，挤奥利奥咸奶油，撒奥利奥饼干碎后，再插上一片奥利奥饼干装饰就可以了。

17. 取两个画好图案的盒子，底部垫油纸，各放入一片蛋糕片。

18. 在蛋糕片上分别挤上原味淡奶油和抹茶淡奶油，在原味淡奶油上放上自己喜欢的新鲜水果，在抹茶淡奶油上放上一些蜜豆。

二狗妈妈碎碎念

1.我用原味蛋糕片搭配了三个口味的奶油（原味淡奶油、抹茶淡奶油和奥利奥咸奶油），您也可以用自己喜欢的蛋糕片搭配自己喜欢的奶油。

2.淡奶油一定要用动物性淡奶油，冷藏至少12小时再打发。如果天气炎热，室温过高，可以在淡奶油盆下垫冰水进行打发，或者把淡奶油放冰箱冷冻10分钟后再打发。

3.便当盒子直接网购即可，尺寸几乎都是15厘米×15厘米×8厘米。盒子上的图案如果不会画，可以网购"盒子蛋糕贴纸"。

4.因为盒子上盖内部有可能接触到食物，所以要用可食用色素笔来画。

19. 在淡奶油上各盖上一片蛋糕片后，分别挤上原味淡奶油和抹茶淡奶油，分别用喜欢的水果和蜜豆装饰，这两种口味的盒子蛋糕就做好了，放入冰箱冷藏。

草莓盒子蛋糕

为啥盒子蛋糕火了很久还依旧热度不减？我觉得是因为它可以随自己的喜好随意变换组合。就我个人而言，是真心喜欢，因为携带方便哟！

🍰 原料

○ **蛋糕片：**

鸡蛋4个

玉米油30克

牛奶60克

低筋粉60克

糖30克

淡奶油400克

糖12克

草莓600克

○ **数量：**

3个盒子（709毫升）

👨‍🍳 做法

1. 28 厘米 ×28 厘米方形烤盘铺油布备用，烤箱190℃预热。

2. 4 个鸡蛋分开蛋清蛋黄，蛋清盆中一定无油无水。

3. 蛋黄盆中加入 30 克玉米油。

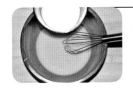

4. 搅匀后加入 60 克牛奶。

5. 搅匀后筛入 60 克低筋粉，搅匀备用。

6. 蛋清盆中加入 30 克糖打发，至提起打蛋器，打蛋器头上有个长一些的弯角。

7. 挖一大勺蛋清到蛋黄盆中。

8. 翻拌均匀后将蛋黄糊倒入蛋清盆。

9. 翻拌均匀后将面糊倒入烤盘中。

10. 抹平表面，轻震几下后送入预热好的烤箱，中层，上下火，190℃ 12 分钟。

11. 出炉立即揪着油布边把蛋糕片移到凉网上。

12. 将 600 克草莓洗净切粒备用。

17. 在淡奶油上铺一层切好的草莓粒。

13. 将 400 克淡奶油倒入盆中，加入 12 克糖打发至非常浓稠的状态。

18. 在每个盒子里各盖一片蛋糕片。

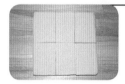

14. 把蛋糕片翻面后，撕去油布，放在案板上，切成 6 块。

19. 在蛋糕片上挤淡奶油铺草莓粒就可以啦。

15. 3 个 709 毫升的盒子底部各铺一片蛋糕片。

16. 把打发好的淡奶油装进裱花袋，挤在蛋糕片上。

二狗妈妈**碎碎念**

1.草莓可以换成您喜欢的各种水果，也可以加入您喜欢的果干丰富口感。

2.淡奶油可以加一些抹茶粉或可可粉，就变成了抹茶淡奶油或可可淡奶油，相对应地搭配蜜豆或奥利奥饼干碎口感也很不错。

3.盒子是网购的最常用的尺寸，您可以换成自己喜欢的尺寸，分割蛋糕片时就要根据自己的盒子大小分割。

豆乳盒子蛋糕

满口的豆香，非常特别，尤其是熟黄豆粉的点缀，真的是一口气可以吃完一整盒都不会腻呢……

○ 蛋糕片：
鸡蛋4个
玉米油30克
无糖豆浆65克
低筋粉60克
糖30克

○ 豆乳酱：
无糖豆浆600克
糖50克
蛋黄4个
低筋粉50克
玉米淀粉20克

淡奶油200克
糖8克
熟黄豆粉少许

○ 数量：
3个盒子（709毫升）

做法

1. 将600克无糖豆浆倒入锅中，加入50克糖、4个蛋黄。

7. 蛋黄盆中加入30克玉米油。

2. 锅中筛入50克低筋粉、20克玉米淀粉。

8. 搅匀后加入65克无糖豆浆。

3. 搅匀。

9. 搅匀后筛入60克低筋粉，搅匀备用。

4. 小火加热，边加热边搅拌，一直到稍变浓稠立即关火，放在容器中凉透备用。

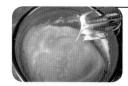
10. 蛋清盆中加入30克糖打发，至提起打蛋器，打蛋器头上有个长一些的弯角。

5. 28厘米×28厘米方形烤盘铺油布备用，烤箱190℃预热。

11. 挖一大勺蛋清到蛋黄盆中。

6. 4个鸡蛋分开蛋清蛋黄，蛋清盆中一定无油无水。

12. 翻拌均匀后倒入蛋清盆。

13. 翻拌均匀后倒入烤盘中。

19. 3个709毫升的盒子底部各铺一片蛋糕片。

14. 抹平表面后轻震几下，送入预热好的烤箱，中层，上下火，190℃ 12分钟。

20. 把淡奶油挤在蛋糕片上。

15. 出炉立即揪着油布边把蛋糕片移到凉网上。

21. 在淡奶油上再挤一层豆乳酱。

16. 将200克淡奶油倒入盆中，加入8克糖打发至非常浓稠的状态。

22. 在每个盒子里各盖一片蛋糕片。

17. 把凉透的豆乳酱和打发好的淡奶油都装入裱花袋备用。

23. 再挤一层淡奶油，表面把豆乳酱挤成一个个的小球。

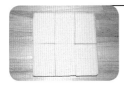

18. 把蛋糕片翻面后，撕去油布，放在案板上，切成6块。

24. 最后筛上熟黄豆粉就可以啦。

◄二狗妈妈碎碎念►

1.豆乳酱在加热时一定要不停地搅拌，稍变浓稠就关火，因为凉透后还会更浓稠一些，如果凉透后发现豆乳酱太浓稠不好挤出，再加一些豆浆调整就可以了。

2.我用的是自制无糖豆浆，如果您用市售的有糖豆浆，请适量减少糖的分量。

3.自制无糖豆浆，您可以选择自己喜欢的豆子，我用的就是纯黄豆，您也可以用红豆、黑豆做，做出来的豆乳酱颜色会有不同。

4.盒子是网购的最常用的尺寸，您可以换成自己喜欢的尺寸，分割蛋糕片时要根据自己的盒子大小分割。

提拉米苏
盒子蛋糕

提拉米苏蛋糕经久不衰。不管用什么样的方式呈现出来，都会受到大家的喜爱……

🍚 原料

○ 手指饼干：
鸡蛋2个
糖30克
低筋粉60克
糖粉适量

糖35克
马斯卡彭奶酪250克
吉利丁片2片（10克）
淡奶油160克
表面装饰用可可粉
适量

○ 蛋糕糊：
咖啡酒约80克
蛋黄3个
水60克

○ 数量：
3个盒子（9.5厘米
×9.5厘米×6.2厘米）

👨‍🍳 做法

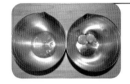

1. 2个鸡蛋分开蛋清蛋黄，蛋清盆中一定无油无水。

2. 蛋清盆中加入30克糖，用电动打蛋器打至提起打蛋器，打蛋头上有硬挺尖角状态。

3. 用电动打蛋器把蛋黄打至体积变大、颜色发白的状态。

4. 挖1/3的蛋清到蛋黄盆中。

5. 翻拌均匀后，将蛋黄糊倒入蛋清盆中，翻拌均匀。

6. 将60克低筋粉分两次筛入盆中，每筛入一次都要翻拌均匀。

7. 这是加入低筋粉拌匀后的状态。

8. 把拌好的面糊装入裱花袋。

9. 裱花袋剪小口，把面糊挤到铺了油纸的烤盘上，面糊挤成长条状，宽约1厘米，长约8厘米。

10. 在面糊条表面筛上一层糖粉。

11. 送入预热好的烤箱，中层，上下火，190℃13分钟，出炉后凉透备用。

12. 将3个蛋黄打入盆中。

13. 60克水加35克糖放小锅中煮开。

14. 把糖水缓缓倒入蛋黄盆中，边倒边用打蛋器打匀。

21. 把蛋糕糊装入裱花袋备用。

15. 这是糖水全部加入后的状态。

22. 把手指饼干剪成和盒子宽度一致的长度后，蘸满咖啡酒。

16. 加入250克马斯卡彭奶酪。

23. 先在盒子底部铺一层蘸满咖啡酒的手指饼干。

17. 用电动打蛋器打匀后加入2片吉利丁片水（吉利丁片提前用冷水泡10分钟后隔热水熔化）。

24. 在手指饼干上挤上一层蛋糕糊。

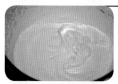

18. 将160克淡奶油打发至有纹路但还可以流动的状态。

25. 再铺一层蘸满咖啡酒的手指饼干。

19. 把淡奶油分3~4次加到蛋黄奶酪盆中，每加入一次都要翻拌均匀再加入下一次。

26. 再挤一层蛋糕糊，用刮板抹平。盒子蛋糕放入冰箱冷藏至少2小时。

20. 拌好的蛋糕糊是这个状态的，比较浓稠。

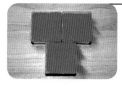

27. 在冷藏后的盒子蛋糕表面筛一层可可粉即可食用。

二狗妈妈碎碎念

1.手指饼干您也可以买市售的，但自己做的口感更好哟。

2.咖啡酒是提拉米苏蛋糕的灵魂，如果家里小宝宝吃，那建议不放咖啡酒。

3.蛋黄经过开水冲烫，已经全熟，不用担心。

4.吉利丁片要提前用冷水泡软，在做奶酪糊之前就隔热水熔化成液态备用。

5.淡奶油与奶酪糊混合时，分多次加入，避免淡奶油消泡，导致最后的蛋糕糊变稀。如果不小心蛋糕糊变得比较稀时，可以放在冰箱里冷藏至浓稠后再使用。

6.此配方也可以做一个6英寸（15.24厘米）的蛋糕。

半熟芝士蛋糕

有谁和我一样，对半熟芝士蛋糕毫无抵抗能力，去甜品店一定会买一盒……现在咱们不用出去买啦，咱们自己动手做吧，味道一点不输甜品店哟！

○ 蛋糕片：
鸡蛋4个
玉米油30克
牛奶60克
低筋粉60克
糖30克

○ 卡仕达酱：
蛋黄3个
糖20克
低筋粉15克
牛奶160克

○ 奶酪蛋糕糊：
卡仕达酱全部
奶油奶酪250克
无盐黄油30克
蛋清3个
糖40克

○ 表面装饰：
蜂蜜或果胶

○ 数量：
18个

做法

1. 28厘米×28厘米方形烤盘铺油布备用，烤箱190℃预热。

8. 翻拌均匀后倒入蛋清盆。

2. 4个鸡蛋分开蛋清蛋黄，蛋清盆中一定无油无水。

9. 翻拌均匀后倒入烤盘中。

3. 蛋黄盆中加入30克玉米油。

10. 抹平表面，轻震几下后送入预热好的烤箱，中层，上下火，190℃ 12分钟。

4. 搅匀后加入60克牛奶。

11. 出炉立即揪着油布边把蛋糕片移到凉网上。

5. 搅匀后筛入60克低筋粉，搅匀备用。

12. 蛋糕片凉透后翻面，撕去油布，用半熟芝士蛋糕模具扣出18个小蛋糕片。

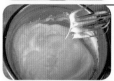

6. 蛋清盆中加入30克糖打发，至提起打蛋器，打蛋器头上有个长一些的弯角。

13. 把18个半熟芝士蛋糕模具放在烤盘上，先在内圈围一圈油纸，再把小蛋糕片分别放在每一个模中，备用。

7. 挖一大勺蛋清到蛋黄盆中。

14. 将250克奶油奶酪放入盆中，加入30克无盐黄油，隔热水搅至顺滑，备用。

15. 3 个鸡蛋分开蛋清蛋黄，蛋清盆中一定无油无水，蛋清先放一边备用。

16. 蛋黄盆中加入 20 克糖，搅匀后筛入 15 克低筋粉搅匀备用。

17. 将 160 克牛奶放在小锅中，小火加热至锅边冒小泡就关火。

18. 把牛奶分 4~5 次倒入蛋黄糊盆中，边倒边快速搅匀。

19. 把牛奶蛋黄糊过筛至小锅中。

20. 小火加热至浓稠，关火，这是卡仕达酱。

21. 把卡仕达酱倒入第 14 步的奶酪盆中。

22. 搅匀备用。

23. 3 个蛋清中加入 40 克糖打发，至提起打蛋器，打蛋器头上有个长一些的弯角。

24. 把打发好的蛋清分 3 次加入奶酪卡仕达酱盆中，每加一次都要用刮刀翻拌均匀再加下一次，制成蛋糕糊。

25. 把蛋糕糊装进裱花袋，挤进第 13 步准备好的模具中。

26. 全部挤至与模具齐平即可。

27. 烤箱倒数第一层放一个烤盘，里面加一些冷水，约 1 厘米高，倒数第二层放一个烤网，180℃上下火预热后，把半熟芝士蛋糕烤盘放在烤架上，180℃ 20 分钟，最后 5 分钟时，把上火升高至 210℃，烤至表面上色满意即可出炉。

28. 在蛋糕表面刷一层蜂蜜或果胶，脱模冷藏后食用。

◁二狗妈妈碎碎念▷

1. 卡仕达酱中的牛奶，加热至锅边有小泡就赶紧关火，千万别加热至沸腾。

2. 把牛奶往蛋黄中倒入时，一定要边倒边快速搅匀。

3. 做奶酪蛋糕糊时，蛋白一定不要打发过硬，不然烘烤时会出现严重开裂。

4. 把奶酪蛋糕糊挤入模具时，一定不要挤得太满，和模具平齐或稍少一些都可以的。

5. 表面的装饰是为了增亮的，可以用蜂蜜，也可以用市售果胶，或者把果冻加热熔化后使用，如果您不喜欢，可以省略此步骤。

抱抱蛋糕

火遍网络的美味抱抱蛋糕做法可是超简单的哟。仔细看一下步骤，真的可以一次就做成功呢……

原料

○ 蛋糕片：
牛奶30克
玉米油15克
低筋粉30克
鸡蛋2个
糖20克

○ 原味淡奶油
  和抹茶淡奶油：
淡奶油250克
糖10克
抹茶粉2克

○ 装饰材料：
新鲜水果适量
糖粉或奶粉适量

○ 数量：
4个

做法

1. 将30克牛奶倒入盆中，加入15克玉米油。

2. 搅匀后筛入30克低筋粉。

3. 充分搅匀。

4. 2个鸡蛋分开蛋清蛋黄，将蛋黄直接打入面糊盆中。

5. 蛋黄与面糊搅匀备用。

6. 蛋清中加入20克糖，用电动打蛋器打发至提起打蛋器，打蛋器头上有一个长而弯的尖角就可以了。

7. 挖一勺蛋清到蛋黄糊盆中。

8. 翻拌均匀后倒入蛋清盆。

9. 再翻拌均匀后，装入裱花袋。

10. 裱花袋剪小口后，把蛋糕糊挤在铺了油布的烤盘上。我挤了 4 个圆饼。

15. 把两种口味的淡奶油分别挤在蛋糕片的中间。

11. 送入预热好的烤箱，中下层，上下火，160℃ 16 分钟。

16. 将蛋糕片向中间合拢，摆上自己喜欢的水果装饰，表面还可以筛糖粉或奶粉装饰。

12. 出炉凉透后，撕去油布备用。

13. 将 250 克淡奶油倒入盆中，加入 10 克糖打发至非常浓稠的状态。

14. 取一半打发好的淡奶油装入裱花袋，在盆中加入 2 克抹茶粉打匀备用。

二狗妈妈碎碎念

1. 蛋糕片的大小可以根据自己的喜好进行调整。这些面糊我做了 4 个直径约 13 厘米的蛋糕片。

2. 为了口感丰富，我做了两个口味的淡奶油，您也可以用自己喜欢的蛋糕片搭配自己喜欢的淡奶油。

3. 淡奶油里面可以添加自己喜欢的水果丁、蜜豆、果干等。

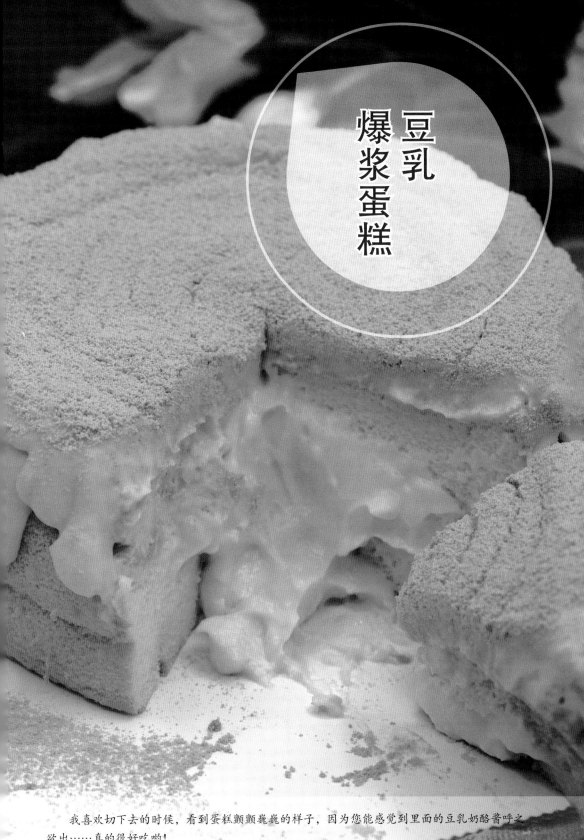

豆乳爆浆蛋糕

我喜欢切下去的时候，看到蛋糕颤颤巍巍的样子，因为您能感觉到里面的豆乳奶酪酱呼之欲出……真的很好吃哟！

做法

原料

○ 蛋糕部分：
无糖豆浆100克　　　蛋黄4个
玉米油50克　　　　低筋粉50克
低筋粉100克　　　　玉米淀粉20克
鸡蛋6个　　　　　　奶油奶酪160克
糖50克

○ 表面装饰：
熟黄豆粉少许

○ 豆乳奶酪酱：
无糖豆浆600克　　　○ 数量：
糖50克　　　　　　2个（6英寸蛋糕）

1. 将100克无糖豆浆倒入盆中，加入50克玉米油。

2. 搅匀后筛入100克低筋粉。

3. 搅匀。

4. 6个鸡蛋分开蛋清蛋黄，蛋黄直接放在豆浆面糊中，蛋清盆中一定无油无水。

9. 翻拌均匀。

5. 豆浆面糊与蛋黄搅匀备用。

10. 倒入2个6英寸戚风蛋糕模具中。

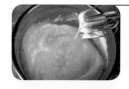

6. 蛋清盆中加入50克糖打发，至提起打蛋器，打蛋器头上有个短而硬挺的尖角。

11. 轻震几下后送入预热好的烤箱，中下层，上下火，170℃ 35分钟，上色后及时加盖锡纸。

7. 挖一大勺蛋清到蛋黄盆中。

12. 出炉后倒扣蛋糕模具，一直到凉透再脱模备用。

8. 翻拌均匀后倒入蛋清盆。

13. 将600克无糖豆浆倒入锅中，加入50克糖、4个蛋黄。

14. 搅匀。

20. 把一个蛋糕坯子放在6英寸蛋糕垫片上,在蛋糕坯中间剪一个小口,用一把L形小抹刀从中间插入,到蛋糕中间位置时在蛋糕里面旋转一圈。

15. 锅中筛入50克低筋粉、20克玉米淀粉。

21. 把豆乳奶酪酱从中间向刚才分好的蛋糕夹层中插入,边旋转边挤。

16. 小火加热,边加热边搅拌,一直到稍变浓稠立即关火。

22. 一直到把蛋糕里面的分层全部挤满豆乳奶酪酱,再在表面挤满豆乳奶酪酱,这是第一种挤豆乳奶酪酱的方法。

17. 锅中立即加入160克奶油奶酪。

23. 第二种挤法比较简单,就是在蛋糕上用剪刀剪出若干个口子,用小刀在每个小口中转一转,在每个小洞中都挤满豆乳奶酪酱即可。

18. 搅至奶油奶酪完全熔化,倒至容器中凉透备用。

24. 在表面挤满豆乳奶酪酱,最后在蛋糕表面筛一层熟黄豆粉,就大功告成啦。

19. 把豆乳奶酪酱装入裱花袋中备用。

二狗妈妈碎碎念

1.因为味道太好,所以我每次都是一次做2个6英寸蛋糕,如果您只做1个,把所有原料减半即可。这些原料也可以做一个8英寸蛋糕,请根据您的个人喜好选择。如果做8英寸的,请多烘烤5分钟左右。

2.豆乳奶酪酱在加热时一定要不停地搅拌,稍变浓稠就关火,因为凉透后还会更浓稠一些。如果凉透后发现豆乳奶酪酱太浓稠不好挤出,那再加一些豆浆调整就可以了。

3.我用的是自制无糖豆浆,如果您用市售的有糖豆浆,请适量减少糖的分量。

4.我教了两种挤豆乳奶酪酱的方法,用哪种效果都不错的。

草莓炸弹

草莓炸弹？这么有杀伤力吗？相信我，吃一口绝对会击垮您的心理防线，满口的草莓香，吃完感觉整个人都被宠爱了呢！

🍱 原料

○ 蛋糕片：	○ 表面装饰：
鸡蛋4个	淡奶油250克
玉米油30克	糖8克
牛奶60克	草莓适量
低筋粉60克	蓝莓适量
糖30克	奶粉适量

○ 草莓乳酪慕斯：	○ 大碗尺寸：
草莓100克	直径约18厘米，
奶油奶酪130克	高约8厘米
糖30克	
吉利丁片2片	○ 数量：
（每片约5克）	1个
淡奶油140克	
草莓（切粒）适量	

👨‍🍳 做法

1. 28厘米×28厘米方形烤盘铺油布备用，烤箱190℃预热。

2. 4个鸡蛋分开蛋清蛋黄，蛋清盆中一定无油无水。

3. 蛋黄盆中加入30克玉米油。

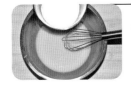

4. 搅匀后加入60克牛奶。

5. 搅匀后筛入60克低筋粉，搅匀备用。

6. 蛋清盆中加入30克糖打发，至提起打蛋器，打蛋器头上有个长一些的弯角。

7. 挖一大勺蛋清到蛋黄盆中。

8. 翻拌均匀后倒入蛋清盆。

9. 翻拌均匀后倒入烤盘中。

10. 抹平表面，轻震几下后送入预热好的烤箱，中层，上下火，190℃12分钟。

11. 出炉立即揪着油布边把蛋糕片移到凉网上凉透备用。

12. 100克草莓用料理机打成泥状备用。

13. 130克奶油奶酪加30克糖。

 **14.** 隔热水搅至顺滑后加入草莓泥。

 **23.** 用刮刀把草莓粒稍往下压，表面抹平。

 **15.** 搅匀后加入2片吉利丁片熔化的液体（吉利丁片需要提前用冷水泡软后隔热水熔化）。

 **24.** 把另外一个圆形蛋糕片盖在表面，用保鲜袋包好，入冰箱冷藏至少3小时。

 **16.** 140克淡奶油打发至有纹路可流动的状态。

 **25.** 冷藏后的蛋糕扣在8英寸蛋糕垫片上，去除大碗和保鲜膜。

 **17.** 把淡奶油倒入草莓奶酪盆中。

 **26.** 250克淡奶油加8克糖打发至比较浓稠的状态。

 **18.** 搅拌均匀备用。

 **27.** 全部抹在蛋糕表面，尽量抹平。

 **19.** 用一个大碗（直径约18厘米，高约8厘米）在蛋糕片上扣出两个圆形蛋糕片，再把其余的边角料切出几个宽条备用。

 **28.** 草莓去蒂对半切开，粘在蛋糕表面，加一些蓝莓装饰，表面再筛一些奶粉就可以啦。

 **20.** 大碗中铺保鲜膜，然后把一个圆形蛋糕片铺在大碗底部，用宽条蛋糕围在碗边，另外一个圆形蛋糕片备用。

 **21.** 在碗中放一些草莓粒。

 **二狗妈妈碎碎念**

1.大碗的尺寸可以再小一些，但不能再大了，因为再大，蛋糕片和草莓乳酪慕斯量都不太够。

2.吉利丁片要事先用冷水泡软再使用。

3.如果着急吃，也可以冷冻2小时凝固后食用。

4.切蛋糕时，刀最好用开水烫一下擦干再用，这样切出来的切面比较漂亮。

 **22.** 把第18步做好的草莓乳酪慕斯倒入碗中，再放一些草莓粒。

大白兔
奶冻卷

大白兔奶糖，在我儿时记忆中占据了很多……现在，大白兔奶糖又衍生出了很多周边产品，而且个个都是爆款。今天，咱们先来做……特别火的奶冻卷吧，奶香十足，好吃得停不下来！

○ 奶冻：
吉利丁片1片（5克）
大白兔奶糖12颗
（约60克）
淡奶油80克
牛奶100克

○ 蛋糕片：
玉米油30克
牛奶80克
低筋粉60克
奶粉10克
蛋清5个

糖40克

○ 淡奶油：
淡奶油280克
糖10克
奶粉5克

做法

1. 用冷水泡1片吉利丁片备用，12颗大白兔奶糖放入奶锅中。

7. 将5个蛋清打入盆中，加入40克糖打发，至提起打蛋器，打蛋器头上有个长一些的弯角。

2. 奶锅中加入80克淡奶油、100克牛奶。

8. 挖一大勺蛋白放到第6步的面糊中。

3. 小火加热，边加热边搅动，一直到大白兔奶糖熔化就关火，放入泡好的吉利丁片搅至其熔化。

9. 翻拌均匀后倒入蛋白盆中，再翻拌均匀。

4. 倒入合适的容器，自然凉透后放入冰箱冷藏至凝固。

10. 倒入铺好油布的28厘米×28厘米烤盘中。

5. 将30克玉米油倒入盆中，加入80克牛奶。

11. 送入预热好的烤箱，中下层，上下火，190℃ 12分钟，出炉后揪着油布边把蛋糕片移到凉网上。

6. 搅匀后筛入60克低筋粉、10克奶粉，搅匀备用。

12. 把冷藏至凝固的奶冻取出，切成喜欢的大小。

13. 将 280 克淡奶油加 10 克糖、5 克奶粉打发到非常浓稠的状态。

14. 把蛋糕片正面朝上，放在油纸上，抹 2/3 的淡奶油在蛋糕片上，把奶冻放在蛋糕片靠近自己这端。

15. 用余下的 1/3 淡奶油盖住奶冻并抹匀。

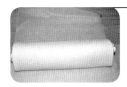

16. 把擀面杖放在油纸下面，向下卷的同时向上推蛋糕片，把蛋糕卷起来。

17. 从中间切开后用大白兔奶糖纸包起来，冰箱冷藏至少 30 分钟后食用。

二狗妈妈碎碎念

1.奶冻最好提前一天做好。

2.冷藏后的鸡蛋清更好打发，不要打得过硬，随时观察打发状态，提起打蛋器，是一个长一些的弯一些的尖角哟！本款蛋糕卷不用蛋黄，所以5个蛋黄您可以炒了吃或者做别的美食。

3.淡奶油一定要用动物性淡奶油，冷藏至少12小时再打发。如果天气炎热，室温过高，可以在淡奶油盆下垫冰水进行打发，或者把淡奶油放冰箱冷冻10分钟后再打发。

4.如果想要口感更丰富，可以卷入一些奥利奥饼干碎。

俄罗斯蜂蜜千层蛋糕

这款独特的蛋糕听说也叫俄罗斯提拉米苏，吃起来别有一番风味哟！

原料

○ 饼皮：
无盐黄油120克
糖80克
蜂蜜30克
鸡蛋2个
中筋粉440克
无铝泡打粉5克

○ 夹层奶油：
无盐黄油35克
炼乳35克
淡奶油400克

○ 数量：
1个（直径15厘米蛋糕）

6. 揉成面团，盖好，冰箱冷藏20分钟。

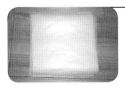

7. 准备好9张油纸，油纸的大小与烤盘一致。

做法

1. 将120克无盐黄油放入盆中，加入80克糖、30克蜂蜜。

8. 静置好的面团分成9份。

2. 放入已经烧开的蒸锅中，中火蒸至黄油熔化、糖熔化即可关火。

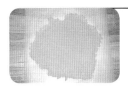

9. 取一块面团放在油纸上，擀薄。

3. 充分搅匀。

10. 找一个小盆（直径约15厘米），倒扣在面片上，用小刀沿小盆边划一圈。

4. 打入2个鸡蛋。

11. 拎着油纸把面片挪至烤盘中。

5. 筛入440克中筋粉、5克无铝泡打粉。

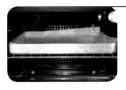

12. 送入预热好的烤箱，中层，上下火，190℃ 8 分钟左右，烤至面片金黄即可出炉，依次烤好9张面片。

13. 把圆饼和边角料分开放好。

19. 抹一层淡奶油。

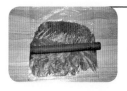

14. 把边角料放在保鲜袋里，擀碎备用。

20. 筛一层第14步准备好的面饼屑。

15. 将35克无盐黄油放入碗中，加入35克炼乳搅匀。

21. 接着继续放圆饼、抹奶油、筛面饼屑，一直码放完所有圆饼。

16. 将400克淡奶油倒入盆中，加入黄油炼乳。

22. 把没用完的淡奶油都抹在外面，不用抹平。

17. 打发至非常浓稠的状态备用。

23. 用面饼屑粘满蛋糕表面及外围后，用保鲜膜包好，入冰箱冷藏至少12小时后切块食用。

18. 取一个盘子，上面铺一层保鲜膜，放一片圆饼。

二狗妈妈碎碎念

1.盘子的直径15~18厘米之间都可以，不建议再大了，因为盘子越大，烤出来的面饼就越大，那边角料就越少，夹层用和外面用的料就不太够用了。

2.一定要包好冷藏至少12小时后再食用，我都是冷藏24小时后再食用，这样，饼皮可以充分吸收淡奶油的湿气，变软一些更好吃。

3.饼皮一定要烘烤成焦黄色，变脆硬才可以哟。

4.您也可以把夹层和外围用的面饼屑换成椰蓉，就是椰子味的千层蛋糕啦。

这款巧克力脆皮蛋糕卷也叫"梦龙卷"，巧克力用到心碎那种，但真的好吃到爆……自家吃，可劲放好料吧！反正都是进自家人的肚子里。

原料

○ 蛋糕部分：
牛奶100克
黑巧克力40克
玉米油40克
可可粉10克
低筋粉45克
鸡蛋4个
糖45克

○ 可可味淡奶油：
淡奶油260克
糖15克
可可粉10克

○ 脆皮酱：
黑巧克力200克
椰子油60克

熟花生碎40克

○ 数量：
1个

做法

1. 将100克牛奶倒入小锅，加入40克黑巧克力、40克玉米油、10克可可粉。

2. 小火加热至全部巧克力熔化就离火。

3. 筛入45克低筋粉。

4. 迅速搅匀。

5. 4个鸡蛋分开蛋清蛋黄，蛋黄直接放在可可面糊中，蛋清盆中一定无油无水。

6. 把可可面糊和蛋黄搅匀备用。

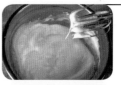
7. 蛋清盆中加入45克糖打发，至提起打蛋器，打蛋器头上有个长一些的弯角。

8. 取1/3蛋清放在可可面糊中。

9. 翻拌均匀后将面糊倒入蛋清盆中。

10. 翻拌均匀。

11. 倒入铺好油布的28厘米×28厘米方形烤盘中，用刮板抹平。

12. 轻震几下后，送入预热好的烤箱，中下层，上下火，190℃12分钟。

13. 出炉后把蛋糕片移到凉网上，凉透后翻面，撕去油布备用。

14. 将260克淡奶油倒入盆中，加入15克糖、10克可可粉，打发至非常浓稠的状态备用。

15. 把蛋糕片移到一张油纸上，正面朝上，表面抹打发好的可可味淡奶油，在离自己近的这边抹得稍厚一些。

16. 用油纸把蛋糕片卷起来，包好，冰箱冷藏备用。

17. 将200克黑巧克力放在盆中，加入60克椰子油。

18. 隔热水熔化后，加入40克熟花生碎，拌匀后室温静置约20分钟，待脆皮酱降温。

19. 在案板上放一张油纸，在油纸上放一个凉网，把蛋糕卷放在凉网上，然后把脆皮酱淋在蛋糕卷上，冷藏至脆皮酱凝固就可以切块食用啦。

二狗妈妈碎碎念

1.牛奶、巧克力、玉米油加热时一定要注意不要过热，巧克力熔化立即就离火。

2.我用的黑巧克力是可可脂含量为66%的，个人感觉口感正合适，您也可以用自己喜欢的不同可可脂含量的黑巧克力。

3.脆皮酱建议多淋几次，把所有脆皮酱用完，因为椰子油的流动性非常好，第一遍淋完后，只能在蛋糕卷上挂薄薄一层，我都是把洒在油纸上的再收集起来，继续淋，重复几次后，脆皮酱就可以用完了，而且挂在蛋糕外的脆皮要有一定的厚度。

4.脆皮酱中的熟花生碎可以用等量坚果碎替换，正宗的"梦龙卷"用的是榛子果仁碎。

福袋蛋糕

这款在私房卖得相当火的福袋蛋糕，我个人也非常喜欢。2019年的春节，我带着这款蛋糕坐飞机回宁夏，回到家，就上面的水果稍有洒落，一切完好无损，爸爸妈妈超级喜欢呢！

原料

○ 蛋糕片：
鸡蛋4个
玉米油30克
牛奶60克
低筋粉60克
糖30克

红心火龙果汁40克
牛奶160克
低筋粉70克

○ 奶酪淡奶油：
奶油奶酪250克
糖30克
淡奶油150克

○ 饼皮：
鸡蛋1个
玉米油15克
糖15克

草莓及其他水果适量

做法

1. 28厘米×28厘米方形烤盘铺油布备用，烤箱190℃预热。

2. 4个鸡蛋分开蛋清蛋黄，蛋清盆中一定无油无水。

3. 蛋黄盆中加入30克玉米油。

4. 搅匀后加入60克牛奶。

5. 搅匀后筛入60克低筋粉，搅匀备用。

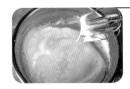

6. 蛋清盆中加入30克糖打发，至提起打蛋器，打蛋器头上有个长一些的弯角。

7. 挖一大勺蛋清到蛋黄盆中。

8. 翻拌均匀后倒入蛋清盆。

9. 翻拌均匀后倒入烤盘中。

10. 抹平表面，轻震几下后送入预热好的烤箱，中层，上下火，190℃ 12分钟。

11. 出炉立即揪着油布边把蛋糕片移到凉网上，备用。

12. 1个鸡蛋打入盆中，加入15克玉米油、15克糖。另取一个小碗，准备好40克红心火龙果汁。

 13. 把红心火龙果汁倒入盆中，搅匀。

 20. 将 250 克奶油奶酪放入盆中，加入 30 克糖。

 14. 再加入 160 克牛奶，搅匀。

 21. 隔热水搅至顺滑，凉透备用。

 15. 筛入 70 克低筋粉。

 22. 150 克淡奶油用电动打蛋器打发至非常浓稠的状态。

 16. 搅匀后过筛备用。

 23. 把奶油奶酪放在淡奶油中，用电动打蛋器打匀备用。

 17. 准备一个直径 22 厘米的平底不粘锅。

 24. 把蛋糕片放在案板上，分成三条。

 18. 小火加热后，舀一勺面糊到锅中，迅速转锅，让面糊铺满整个锅底，小火加热至微微鼓泡就可以取下来，依次做完所有面糊。

 24. 每条上面都抹奶酪淡奶油后，铺草莓片。

 19. 我一共做了 6 张饼皮，凉透备用。

 25. 然后从一条开始卷，卷好一条后把第二条接在第一条的尾端继续卷，依次卷完三条蛋糕片，切口朝上，备用。

26. 取一个 8 英寸蛋糕垫片，把六张饼皮正面朝下错开铺在垫片上。

30. 饼皮向上，把蛋糕卷包起来，扎上自己喜欢的丝带。

27. 把第 25 步做好的蛋糕卷放在饼皮中间。

31. 把饼皮顶端向下翻折，用剪刀修掉不好看的地方，再把蛋糕上摆满水果就可以了。

28. 把没用完的所有奶酪淡奶油抹在蛋糕卷顶部和外侧。

29. 在蛋糕卷顶部外圈放些大一些的水果。

1.饼皮要摊得比一般的千层蛋糕饼皮稍厚一些。

2.蛋糕片可以用一个6英寸圆形蛋糕替换，什么口味的蛋糕坯子都可以。

3.奶酪淡奶油可以用一般的淡奶油替换，这款奶酪淡奶油的好处就是不易熔化，如果您往远处携带，这款非常适合。

4.先在蛋糕顶端的外圈摆一些水果，是为了饼皮向上翻折时不沾到奶油，您也可以先摆满一层水果后再把饼皮向上翻折。

古早蛋糕

原料

牛奶80克
玉米油65克
低筋粉90克
鸡蛋6个
糖65克

● 模具：
20厘米×20厘米的正
方形活底蛋糕模具

● 数量：
1个

听说这款蛋糕也叫抖臀蛋糕，是因为拍上去会抖个不停，哈哈……

🧑‍🍳 做法

1. 20 厘米 ×20 厘米正方形活底蛋糕模具内部铺油纸，底部包 3 层锡纸备用。

8. 蛋清加入 65 克糖，用电动打蛋器打发，至提起打蛋器，打蛋器头上有长而弯的尖角就可以了。

2. 将 80 克牛奶倒入小奶锅，加入 65 克玉米油。

9. 挖 1/3 蛋清倒入小奶锅中。

3. 搅拌均匀后，小火加热至锅边有小泡立即关火。

10. 翻拌均匀后，将面糊倒入蛋清盆中。

4. 筛入 90 克低筋粉。

11. 翻拌均匀，蛋糕糊就做好了。

5. 搅匀，此时非常浓稠，没有关系。

12. 倒入准备好的模具中，抹平表面。

6. 等待 10 分钟后，6 个鸡蛋分开蛋清蛋黄，蛋黄直接打入小奶锅中，蛋清盆一定无油无水。

13. 找一个大一些的烤盘，里面倒入 1 厘米高的冷水，把装有蛋糕糊的模具坐进烤盘中。

7. 小奶锅中的面糊和蛋黄搅匀备用。

14. 送入预热好的烤箱，中下层，上下火，150℃ 60 分钟，上色后及时加盖锡纸。

🔖 二狗妈妈碎碎念

1. 牛奶和玉米油加热时，一定要注意不要加热过度，大概40秒左右，只要锅边冒小泡就可以离火了。

2. 模具一定要提前准备好，底部一定要包3层以上锡纸，以免水浴时进水。

3. 蛋白打发不可过硬，不然做出来的蛋糕容易开裂且不细腻。

4. 如果想做其他口味的，可以把10克低筋粉替换成等量可可粉、抹茶粉，就可以得到不一样口味的古早蛋糕啦。

黑米蒸蛋糕

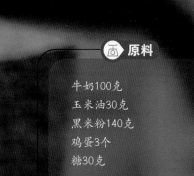

□ 原料

牛奶100克
玉米油30克
黑米粉140克
鸡蛋3个
糖30克

● 数量：
1个

"某某蒸蛋糕，好吃不上火，我对你是蒸的！"哈哈……这句广告词儿，每次看我每次都想笑，不过也勾起我对蒸蛋糕的强烈兴趣。这款黑米蒸蛋糕，健康又好吃，值得您一做再做哟！

🧑‍🍳 做法

1. 准备好黑米粉备用，我是自己用研磨机打的黑米粉，打好的黑米粉过筛一次备用。

2. 蒸锅放足冷水，开大火先烧着。

3. 将100克牛奶倒入盆中，加入30克玉米油。

4. 充分搅匀后筛入140克黑米粉。

5. 搅匀备用。

6. 3个鸡蛋分开蛋清蛋黄，蛋黄直接放在黑米糊中。

7. 黑米糊和蛋黄搅匀备用。

8. 蛋清盆中加入30克糖，用电动打蛋器打发，至提起打蛋器，打蛋器头上有短而挺的小尖角。

9. 挖一勺蛋白到黑米蛋黄糊中。

10. 翻拌均匀后倒入蛋白盆中。

11. 翻拌均匀。

12. 把蛋糕糊倒入6英寸活底蛋糕模具中。

13. 表面包好保鲜膜。

14. 把模具放入蒸屉中，把蒸屉放在已经烧开水的蒸锅上，盖好锅盖，先大火蒸20分钟，再改中小火蒸25分钟，关火后闷5分钟后再出锅。

二狗妈妈碎碎念

1.黑米粉我是自己研磨的，您也可以用市售的。

2.蒸锅里的水要一次性加足，并且要提前烧开，烧开后如果蛋糕糊还没有做好，那就小火烧着蒸锅里的水，千万不要关火。

3.我用的模具是正方形的，您也可以用圆形的。如果想做8英寸的，那就把所有原料翻倍，蒸的时间再延长10分钟即可。

4.模具上的保鲜膜建议用加厚耐高温的，一定要包好保鲜膜后再入锅蒸，不然水汽会滴落在蛋糕上，造成蛋糕不易膨发。

酸奶蒸蛋糕

蒸制的蛋糕口感和烤出来的蛋糕稍有不同，更湿润细腻，听说吃蒸的蛋糕不上火呢！

📖 原料

稠酸奶150克
玉米油30克
低筋粉80克
鸡蛋4个
糖40克

○ 数量：
1个（6英寸方形蛋糕）

👨‍🍳 做法

1. 150 克稠酸奶倒入盆中，加入 30 克玉米油。

2. 搅匀后筛入 80 克低筋粉。

3. 搅匀，此时比较浓稠是正常现象。

4. 4 个鸡蛋分开蛋清蛋黄，蛋黄直接放在酸奶面糊盆中。

5. 蛋黄与酸奶面糊搅匀备用。

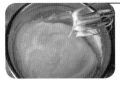

6. 蛋清盆中加入 40 克糖打发，至提起打蛋器，打蛋器头上有短而挺的尖角。

7. 挖一大勺蛋清到蛋黄盆中。

8. 翻拌均匀后倒入蛋清盆。

9. 翻拌均匀。

10. 倒入 6 英寸方形活底蛋糕模具中，表面用保鲜膜封好，放在蒸屉中。

11. 放在已经烧开了水的蒸锅上，大火蒸 20 分钟后转中火蒸 25 分钟，关火后立即把保鲜膜揭掉，模具倒扣至蛋糕完全凉透后，脱模，切块食用。

◁ 二狗妈妈碎碎念 ▷

1.酸奶稍浓稠一些味道比较好，如果您的酸奶比较稀，那就减少用量，如果实在不喜欢酸奶，那就换成120克牛奶吧。

2.在准备蛋糕糊之前，把蒸锅放足水去加热，这样，蛋糕糊做好了，蒸锅里的水也开了。

3.如果没有这个尺寸的模具，也可以放在不锈钢大碗、纸杯等容器里来做，就是要根据您的容器大小来调整一下蒸制的时间。

4.出锅后一定要迅速把保鲜膜揭掉，再迅速倒扣，一定要凉透再脱模，不然会塌陷得非常厉害。稍有回缩是正常现象。

5.如果您喜欢，还可以在蛋糕糊倒入模具后，在里面撒一些自己爱吃的果干。

6.有的人说蒸制的蛋糕蛋腥气稍重，那您可以在蛋糕糊中加入少许香草精或用香草糖打发蛋清。

榴莲千层蛋糕

这么好吃的榴莲千层，完胜市售的，还在等啥呀，自己动手做起来吧！

原料

○饼皮：　　　　　○夹心材料：
鸡蛋4个　　　　　淡奶油550克
糖60克　　　　　糖20克
牛奶800克　　　　榴莲果肉250克
玉米油50克
低筋粉320克

做法

1. 4个鸡蛋打入盆中，加入60克糖。

2. 搅匀后加入800克牛奶、50克玉米油。

3. 搅匀后筛入320克低筋粉。

4. 搅匀（此时有小颗粒没有关系）。

5. 过筛一次，这个过程时间稍长，请不要着急。

6. 再过筛一次，然后盖好，室温静置30分钟。

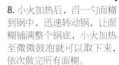

7. 准备好一个直径22厘米的平底不粘锅。

8. 小火加热后，舀一勺面糊到锅中，迅速转动锅，让面糊铺满整个锅底，小火加热至微微鼓泡就可以取下来，依次做完所有面糊。

9. 把250克榴莲果肉碾成泥备用。

10. 将550克淡奶油倒入盆中，加入20克糖打发至非常浓稠的状态。

11. 把准备好的榴莲果肉放到淡奶油盆中，用打蛋器低速搅匀备用。

12. 取一点淡奶油抹在8英寸蛋糕垫片上，取一张饼皮放在垫片中间，轻按。

13. 抹一层淡奶油后取第二张饼皮盖在上面，依次盖完所有饼皮，冰箱冷藏至少4小时后切块食用。

二狗妈妈碎碎念

1.玉米油可以用熔化的黄油替换，口感更香浓。

2.饼皮一定要烙得薄一些，成品的效果会更好。

3.夹心材料中的榴莲果肉可多可少，如果非常喜欢吃榴莲，也可以隔几层饼皮抹一层纯榴莲肉。

轻乳酪蛋糕

 原料

奶油奶酪250克
牛奶100克
无盐黄油50克
低筋粉65克
玉米淀粉15克
鸡蛋4个
糖50克

●数量：
2个（6英寸蛋糕）

听说什么爷爷轻乳酪火得不得了，每次去都要排长队呢！咱们自己在家做，口感也很棒哟，关键是不用排队，想啥时候吃就啥时候吃！

做法

1. 两个 6 英寸戚风蛋糕模具底部垫油纸备用。

2. 250 克奶油奶酪切小块放入盆中，加入 100 克牛奶。

3. 隔热水熔化奶油奶酪，搅至顺滑。

4. 趁热加入 50 克无盐黄油搅至黄油与奶油奶酪充分融合。

5. 筛入 65 克低筋粉、15 克玉米淀粉。

6. 搅拌均匀。

7. 4 个鸡蛋分开蛋清蛋黄，蛋黄直接放在奶酪盆中，蛋清盆一定无油无水。

8. 奶酪糊与蛋黄搅匀备用。

9. 蛋清盆中加入 50 克糖打发，至提起打蛋器，打蛋器头上有个长一些的弯角。

10. 挖一大勺蛋清到奶酪蛋黄盆中。

11. 翻拌均匀后面糊倒入蛋清盆。

12. 翻拌均匀。

13. 面糊倒入之前准备好的两个 6 英寸戚风蛋糕模具中。

14. 送入预热好的烤箱，注意烤箱最下层放一个装水的烤盘，倒数第二层放烤网，把装满蛋糕糊的模具放在烤网上，上下火，140℃ 60 分钟。

二狗妈妈碎碎念

1. 蛋白一定不要打发过硬，不然容易表面开裂。

2. 因为太好吃，所以我一次都是做两个 6 英寸的，如果您做一个，那就把所有原料减半，烘烤时间不变。如果做一个 8 英寸的，烘烤时间要增加 15 分钟左右。

3. 冰箱冷藏后口感更好。

毛巾卷

一次就能做出两个口味的毛巾卷，太开心啦！

原料

○ 饼皮：
鸡蛋2个
糖30克
牛奶400克
低筋粉134克
抹茶粉6克
可可粉8克

○ 内馅：
淡奶油350克
糖15克
蜜豆适量
奥利奥饼干碎适量

○ 数量：
2个

做法

1. 2个鸡蛋打入盆中，加入30克糖。

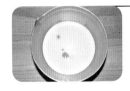

2. 加入400克牛奶。

3. 充分搅匀。

4. 筛入134克低筋粉。

5. 充分搅匀后，把面糊平均分成2份，在其中一份加入6克抹茶粉，另外一份加入8克可可粉。

6. 分别搅匀。

7. 分别过筛2次，静置20分钟。

8. 直径22厘米平底不粘锅小火加热。稍热后，舀一勺抹茶面糊在锅中，迅速转动锅，让面糊铺满锅底。

9. 小火加热至面糊凝固，表面起大泡，就可以离火了，把饼皮揭下来，再烙下一张。

10. 依次烙完所有面糊，我做了5张抹茶饼皮，放在凉网上凉透备用。

11. 用同样的方法把可可面糊也做好饼皮凉透备用。

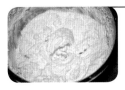

12. 350克淡奶油加15克糖打发到非常浓稠状态备用。

 **13.** 把5张抹茶饼皮正面朝下，从左至右，后一张压住前一张码放在案板上。

 **19.** 把另外一半打发好的淡奶油抹在中间位置，撒一些奥利奥饼干碎。

 **14.** 取一半打发好的淡奶油抹在饼皮中间位置，在淡奶油上撒一些蜜豆。

 **20.** 把上下两边的饼皮向中间折。

 **15.** 把上下两边的饼皮向中间折。

 **21.** 自左向右卷起来。

 **16.** 自左向右卷起来。

 **22.** 一直卷到最右边，尾端要压在最下方。

 **17.** 一直卷到最右边，尾端要压在最下方。

 **23.** 包好冰箱冷藏至少1小时，分别筛上可可粉和抹茶粉，中间用油纸包好。

 **18.** 同样的方法，把5张可可饼皮自左向右一张压住一张码放在案板上。

二狗妈妈碎碎念

1.饼皮面糊一定要过筛两次，静置后搅匀再用。

2.为了能少吃一点儿油，我没有在饼皮面糊中加入任何油脂，如果您喜欢，可以加入20克熔化的黄油。

3.饼皮不用烙得很薄，要稍厚一点儿，包出来的毛巾卷才会更好看。

4.一定要冷藏后再食用，口感会更好，切块时也更好操作。

树桩蛋糕卷

每到圣诞，这款树桩蛋糕卷一定会被提上日程。做法简单，却很有节日气氛。不同于传统的树桩蛋糕卷，我没有用奶油霜来做装饰，蛋糕体也不是海绵蛋糕体，一是我海绵蛋糕做得不是特好，自己也比较喜欢戚风蛋糕的松软口感；二是因为奶油霜用了大量黄油，个人觉得热量太高，所以这样子用巧克力甘那许做表面装饰。不管咋样做，树桩的造型还是很像的，发到朋友圈，被朋友们大赞呢。

原料 🔲

○ **蛋糕部分：**
牛奶90克
玉米油30克
低筋粉50克
可可粉10克
鸡蛋4个
糖40克

○ **可可味淡奶油：**
淡奶油300克
糖15克
可可粉10克

○ **巧克力甘那许：**
黑巧克力150克
淡奶油150克

○ **表面装饰：**
蘑古力饼干适量
奶粉适量

○ **数量：**
1个

👨‍🍳 做法

1. 将90克牛奶倒入小锅中，加入30克玉米油。

2. 搅匀后，小火加热至微沸。

3. 筛入50克低筋粉、10克可可粉。

4. 搅匀，静置5分钟。

5. 4个鸡蛋分开蛋清蛋黄，蛋黄直接放在可可面糊中，蛋清盆中一定无油无水。

6. 把可可面糊和蛋黄搅匀备用。

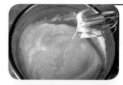
7. 蛋清盆中加入40克糖打发，至提起打蛋器，打蛋器头上有个长一些的弯角。

8. 取1/3蛋清放在可可面糊中。

9. 翻拌均匀后倒入蛋清盆中。

10. 翻拌均匀。

11. 倒入铺好油布的28厘米×28厘米方形烤盘中，用刮板抹平。

12. 轻震几下后，送入预热好的烤箱，中下层，上下火，190℃ 12分钟。

13. 出炉后把蛋糕片移到凉网上，凉透后翻面，撕去油布备用。

19. 用预留的淡奶油做黏合，把3段蛋糕卷摆成树桩形状，放在托盘上或者是8英寸蛋糕垫片上。

14. 将300克淡奶油倒入盆中，加入15克糖、10克可可粉打发至非常浓稠的状态备用。

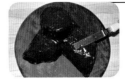

20. 把第15步做的巧克力甘那许挤满整个蛋糕卷，用小抹刀稍抹平。

15. 150克淡奶油放入小锅中，加热至微沸关火，趁热加入150克黑巧克力，搅拌至巧克力完全熔化，装入裱花袋，入冰箱冷藏10分钟后再使用。

21. 用叉子在表面划出纹路后，表面插几个蘑古力饼干做装饰，再筛些奶粉就可以啦。

16. 把蛋糕片移到一张油纸上，正面朝上，表面抹2/3打发好的可可味淡奶油。

17. 用油纸把蛋糕片卷起来。

18. 按图所示，切两刀。

二狗妈妈**碎碎念**

1.可可味淡奶油中也可以加一些巧克力碎或干果碎，口感会更浓郁、更丰富。

2.树桩的造型不一定和我做的一样，您可以随意摆放。

3.巧克力甘那许一定要降温后再使用，不然会比较稀，叉子划后的痕迹不明显。

4.表面装饰也可以插一些圣诞摆件，会更有节日气氛。

数字蛋糕

数字蛋糕，可以根据您的生日个性定制的蛋糕，我想每年都18岁，那每年我都要一个
"18"的数字蛋糕咯。

🖼 原料

○ 蛋糕部分：
牛奶90克×2
玉米油30克×2
低筋粉50克×2
可可粉10克×2
鸡蛋4个×2
糖40克×2

○ 淡奶油：
淡奶油600克
糖20克

夹层水果和
表面装饰水果适量

○ 数量：
1个（10英寸蛋糕）

5. 4个鸡蛋分开蛋清蛋黄，蛋黄直接放在可可面糊中，蛋清盆中一定无油无水。

6. 把可可面糊和蛋黄搅匀备用。

7. 蛋清盆中加入40克糖打发，至提起打蛋器，打蛋器头上有个长一些的弯角。

8. 取1/3蛋清放在可可面糊中。

👨‍🍳 做法

1. 将90克牛奶倒入小锅中，加入30克玉米油。

9. 翻拌均匀后倒入蛋清盆中。

2. 搅匀后，小火加热至微沸。

10. 翻拌均匀。

3. 筛入50克低筋粉、10克可可粉。

11. 倒入铺好油布的28厘米×28厘米正方形烤盘中，用刮板抹平。

4. 搅匀，静置5分钟。

12. 轻震几下后，送入预热好的烤箱，中下层，上下火，190℃ 12分钟。

13. 出炉后把蛋糕片移到凉网上，凉透后翻面，撕去油布备用。

20. 在淡奶油上压一组数字蛋糕片。

14. 依照步骤1~12再做一个蛋糕片，这款蛋糕我们需要两个可可味蛋糕片。

21. 再在蛋糕片上挤满淡奶油。

15. 取自己喜欢的数字模具放在蛋糕片上，用刀沿模具边刻出数字形的蛋糕片。

22. 码放一些喜欢的水果。

16. 我们需要两组数字形的蛋糕片。

23. 盖上第二组数字蛋糕片。

17. 将600克淡奶油倒入盆中，加入20克糖打发至非常浓稠的状态。

24. 棍形饼干截成合适长短，插入蛋糕中，固定一下两层蛋糕。

18. 取一部分打发好的淡奶油装入裱花袋中，剪小口。

25. 再挤一层淡奶油。

19. 在10英寸蛋糕垫片上挤一些淡奶油，形状基本是在数字蛋糕片的中间。

26. 表面装饰自己喜欢的水果就可以了。

二狗妈妈碎碎念

1.数字蛋糕模具在网上就有售，您可以根据自己的需要购买合适的尺寸，如果不想买，也可以在电脑上打印好大小合适的数字后，剪下数字再用。

2.个人觉得深色蛋糕片搭配白色的淡奶油会很好看，所以我做了可可味的蛋糕片，您也可以做成原味的、抹茶味的，也可以用红曲粉做成红颜色的。

3.夹层的水果和表面装饰的水果随您喜欢进行调整。

旋风蛋糕卷

有人说这叫"风火轮"蛋糕卷，我看了看还真的像耶！不管是正卷还是反卷，都会得到一个非常好看的蛋糕卷哟！

○ 蛋糕片：　　　　鸡蛋4个　　　　○ 原味淡奶油：

牛奶60克　　　　　糖30克　　　　　淡奶油200克

玉米油30克　　　　红曲粉2克　　　　糖10克

低筋粉60克

👨‍🍳 做法

1. 将 60 克牛奶倒入盆中，加入 30 克玉米油。

6. 挖一大勺蛋清到蛋黄盆中。

2. 搅匀后筛入 60 克低筋粉。

7. 翻拌均匀后倒入蛋清盆。

3. 搅匀。

8. 再翻拌均匀后，取一个盆，盛走 180 克面糊。

4. 4 个鸡蛋分开蛋清蛋黄，蛋清盆中一定无油无水，蛋黄直接放在牛奶面糊中搅匀备用。

9. 先把面糊多一些地倒在铺好油布的 28 厘米 ×28 厘米正方形黄金烤盘上，用刮刀抹平。

5. 蛋清盆中加入 30 克糖打发，至提起打蛋器，打蛋器头上有个长一些的弯角。

10. 预留的这 180 克面糊中，盛出大概 20 克，加入 2 克红曲粉搅匀。

11. 把小碗中的红色面糊倒入盆中，翻拌均匀。

17. 出炉后揪着油布边把蛋糕移到凉网上凉透。用一张油纸盖住蛋糕片，翻面，注意此时的纹路一定是横向的。

12. 装入裱花袋。

18. 将200克淡奶油倒入盆中，加入10克糖打发至非常浓稠的状态。

13. 挤在刚才的白色面糊的上面，稍用刮刀抹平。

19. 抹在蛋糕片上。

14. 一根手指插入整个面糊，划出S形。

20. 用擀面杖往后卷油纸，顺势双手往上推蛋糕片，把蛋糕片卷起来，冰箱冷藏至少30分钟后切块食用。

15. 把烤盘旋转90度，再将手指插入面糊，划S形曲线。

16. 表面抹平后送入预热好的烤箱，中下层，上下火，190℃ 12分钟。

⬤ **二狗妈妈碎碎念**

1.这款蛋糕卷的难点就是用手划纹路，在卷蛋糕卷时候，一定要使纹路和自己是平行的。

2.步骤图中是用红曲粉做的，您也可以用抹茶粉、可可粉、纯黑可可粉等替换，做法都是一样的。

3.卷好后入冰箱冷藏30分钟后再切会更容易切，形状会保持得更完整一些。

小狗慕斯蛋糕

说实话，我不舍得吃这只小狗狗，但因为它在抖音里面迅速蹿红，我的这本书又都是网红爆款美食，所以我就把它收录进来。做书稿的时候，我把做好的小狗狗送给了小叔子家的娃娃，小朋友很是开心呢！

🔳 原料

黑巧克力50克
吉利丁3片
（共15克）
奶油奶酪50克
淡奶油250克
糖20克
白巧克力适量

○ 模具尺寸：
23厘米×14.8厘米

○ 数量：
1个

5. 将250克淡奶油倒入盆中，加入20克糖打发至有纹路可流动的状态。

6. 把吉利丁水、奶油奶酪巧克力都倒入淡奶油盆中。

7. 混合均匀。

8. 倒入模具中，轻震几下，送入冰箱冷冻至少12小时，然后脱模，用熔化的白巧克力点上眼珠即可。

👨‍🍳 做法

1. 50克黑巧克力隔热水熔化后装入裱花袋。

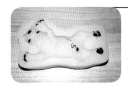

2. 在8英寸小狗硅胶模具中，在眼睛、鼻子、尾巴和脚趾部分用黑巧克力挤满，入冰箱冷冻10分钟。

3. 15克吉利丁片冷水泡软后隔热水熔化备用，50克奶油奶酪隔热水软化备用。

4. 把裱花袋中没用完的黑巧克力挤到奶油奶酪碗中，混合均匀备用。

▷ 二狗妈妈碎碎念 ◁

1.小狗硅胶模具有三个型号，分别是大、中、小号。我用的是大号，做出来大概是6英寸大小。如果您用中号或小号，请适当减少原料的用量。

2.一定要冷冻12小时后再脱模，如果不冻结实，脱模时候比较容易失败。

3.用这个方法也可以做各种硅胶模具的小动物，比如小猪、小熊等。

4.这款蛋糕最好常温解冻半小时后再食用，口感会比较好。

隐形苹果
千层蛋糕

原料

鸡蛋3个
糖50克
盐2克
无盐黄油50克
牛奶100克
低筋粉100克
肉桂粉2克
苹果片500克
杏仁片适量

● 表面装饰：
糖粉

● 数量：
1个

一直没有弄明白，这款蛋糕怎么就火得不得了，是做法简单，还是因为用料简单呢？

🧑‍🍳 做法

1. 50 克无盐黄油熔化备用，6 英寸正方形蛋糕模具铺油纸备用。

2. 3 个鸡蛋打入盆中，加入 50 克糖、2 克盐。

3. 搅拌均匀后加入熔化的无盐黄油。

4. 搅匀后加入 100 克牛奶。

5. 搅匀后筛入 100 克低筋粉、2 克肉桂粉。

6. 搅拌至无颗粒状态备用。

7. 3 个（约 500 克）苹果洗净。

8. 去皮去核后切成薄片。

9. 取 500 克苹果片放入面糊中。

10. 用刮刀翻拌均匀，让每一片苹果都裹上面糊。

11. 把苹果片捞出，平铺在铺好油纸的模具中。

12. 把面糊倒入，在表面撒杏仁片装饰。

13. 送入预热好的烤箱，中下层，上下火，170℃ 55 分钟，上色后及时加盖锡纸。

🐶 二狗妈妈碎碎念

1. 先把面糊做好，再去削苹果皮切苹果片，切好的苹果片迅速放到面糊中，以免氧化变色。

2. 苹果片切得越薄效果越好。

3. 不喜欢肉桂粉可以不放。

4. 表面装饰的杏仁片可以换成您喜欢的干果碎。

5. 冷藏至少2个小时后再切块，会更好操作一些。

脏脏蛋糕

不知道从啥时候起，"脏脏"的东西风靡全国，只要是和"脏"有关的美食，一定会热卖。这款脏脏蛋糕，做法简单，味道却不简单，有不少亲亲做私房，跟我说，这款蛋糕每天卖出去十几二十个跟玩似的，让我好开心呀！你们用我的方子开私房、参加比赛、去赢奖品，都是我的荣幸，谢谢你们对我的认可哟！

🔲 原料

○ 蛋糕部分：
牛奶130克
可可粉20克
玉米油50克
低筋粉80克
鸡蛋6个
糖80克

○ 可可味淡奶油：
淡奶油500克
糖30克
可可粉10克

○ 巧克力甘那许：
黑巧克力40克
淡奶油40克

○ 表面装饰：
可可粉适量

○ 数量：
2个（6英寸蛋糕）

👨‍🍳 做法

1. 将70克牛奶倒入小奶锅中，20克可可粉放入盆中。

2. 把小奶锅中的牛奶加热至微沸，立即把热牛奶倒入可可粉盆中。

3. 搅匀。

4. 加入60克牛奶、50克玉米油，搅匀。

5. 筛入80克低筋粉。

6. 搅匀，此时非常浓稠，不要紧。

7. 6个鸡蛋分开蛋清蛋黄，蛋黄直接放在可可面糊中，蛋清放在无油无水的盆中。

8. 把可可面糊和蛋黄搅匀备用。

9. 6个蛋清加入80克糖打发，至提起打蛋器，打蛋器头上有短而尖的硬挺小角。

10. 取1/3蛋清放在可可面糊中。

11. 翻拌均匀后倒入蛋清盆中。

 12. 翻拌均匀。

 13. 把蛋糕糊倒入两个6英寸圆形戚风蛋糕模具中，抹平表面。

 14. 轻震出大气泡后，送入预热好的烤箱，中下层，上下火，170℃40分钟，上色后及时加盖锡纸。

 15. 出炉后，立即倒扣在凉网上，等待凉透。

 16. 脱模备用。

 17. 将500克淡奶油倒入盆中，加入30克糖、10克可可粉，打发至稍浓稠状态备用。

 18. 在中间剪一个小口，用一把L形小抹刀从中间插入，到蛋糕中间位置时在蛋糕里面旋转一圈。

 19. 把剪过口的蛋糕坯子放在6英寸蛋糕垫片上，把打发好的淡奶油装入裱花袋，从中间向刚才分好的夹层中插入，边旋转边挤淡奶油。

 20. 一直把蛋糕里面的分层全部挤满淡奶油，这是第一种挤淡奶油的方法。

 21. 第二种挤淡奶油的方法比较简单，就是在蛋糕上用剪刀剪出若干个口子，用小刀在每个小口中转一转，把打发好的淡奶油装入裱花袋，在每个小洞中都挤满淡奶油即可。

 22. 把剩余的淡奶油分成两份，铺在两个蛋糕表面，稍抹平备用。

 23. 将40克黑巧克力、40克淡奶油放入碗中，隔热水熔化后装入裱花袋。

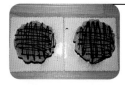 24. 在蛋糕表面筛一层可可粉后，把巧克力甘那许随意挤在表面就可以啦。

二狗妈妈碎碎念

1.因为味道太好，所以我每次都是一次做两个6英寸蛋糕。如果您只做一个，把所有原料减半即可。这些原料也可以做一个8英寸蛋糕，请根据您个人喜好选择。如果做8英寸的，请多烘烤5分钟左右。

2.我教了两种挤淡奶油的方法，用哪种效果都不错的。

3.淡奶油一定不要打发太硬，稍浓稠即可，这样口感会非常细滑。

4.表面的甘那许随意挤些线条就可以，不用非常工整哟。

脏脏蛋糕卷

"脏脏"系列的又一款产品,我就不明白了,为啥这美食一带上"脏"字儿,就成为网红了呢?哈哈!

脏脏蛋糕卷

原料 📦

○ 蛋糕部分：
牛奶90克
玉米油30克
低筋粉50克
可可粉10克
鸡蛋4个
糖40克

○ 可可味淡奶油：
淡奶油360克
糖20克
可可粉15克

○ 巧克力甘那许：
黑巧克力60克
淡奶油60克

○ 表面装饰：
可可粉适量

○ 数量：
1个

👨‍🍳 做法

1. 将90克牛奶倒入小锅中，加入30克玉米油。

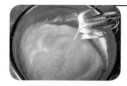

7. 蛋清盆中加入40克糖打发，至提起打蛋器，打蛋器头上有个长一些的弯角。

2. 搅匀后，小火加热至微沸。

8. 取1/3蛋清放在可可面糊中。

3. 筛入50克低筋粉、10克可可粉。

9. 翻拌均匀后倒入蛋清盆中。

4. 搅匀，静置5分钟。

10. 翻拌均匀。

5. 4个鸡蛋分开蛋清蛋黄，蛋黄直接放在可可面糊中，蛋清盆中一定无油无水。

11. 倒入铺好油布的28厘米×28厘米方形烤盘中，用刮板抹平。

6. 把可可面糊和蛋黄搅匀备用。

12. 轻震几下后，送入预热好的烤箱，中下层，上下火，190℃12分钟。

13. 出炉后把蛋糕片移到凉网上，凉透后翻面，撕去油布备用。

18. 把蛋糕卷移至木板或蛋糕垫片上，把盆中淡奶油都装入裱花袋。

14. 将 360 克淡奶油倒入盆中，加入 20 克糖、15 克可可粉打发至非常浓稠的状态备用。

19. 把淡奶油挤在蛋糕卷表面后，筛可可粉，再把第 15 步做的巧克力甘那许挤满蛋糕卷表面即可食用。

15. 将 60 克淡奶油放入小锅中，加热至微沸关火，趁热加入 60 克黑巧克力，搅拌至巧克力完全熔化，装入裱花袋，冰箱冷藏 10 分钟后再使用。

16. 把蛋糕片移到一张油纸上，正面朝上，表面抹一半打发好的可可味淡奶油。

17. 用油纸把蛋糕片卷起来。

二狗妈妈碎碎念

1.牛奶和玉米油加热时一定要注意不要过热，锅边稍有点起小泡就可以了。

2.巧克力甘那许也可以不降温使用，这样挤在表面，会把淡奶油烫得稍熔化，口感会融合得更好，不过就是吃起来更脏嘴哟。

　　网红面包的更新速度非常快，这几天流行奶昔包，过几天就流行脏脏包了，每一款流行起来后，基本上都保持着热卖的节奏。我有不少粉丝是做私房的，他们不止一次地告诉我说，用我的方子做一个单品，每天走货的量就很可观，其中奶昔包、果仁大列巴、日式盐面包更是因为易操作、卖相好，增加了他们的订单……每当我听到这些时，会立即被满足感所包围，我可以帮助到你们挣一点零花钱，这是一件多么美好的事情！当然，也有很多全职妈妈，因为和我学会了做面包，家里人已经再也不在外面买面包吃了，她们说，自家做的面包，用料实在，不添加任何的添加剂，吃着多放心呀！

　　感谢大家这么信任我，才让我有勇气把这些爆款面包集结起来，如果您不嫌弃我不专业，那就动手做起来吧！

　　本章节共收录了 27 款爆款面包，操作方法用了不少：汤种法、老面法、中种法、液种法等。我的目的是把面团状态调整到最好、延缓面包的老化，按照步骤操作就可以啦！另外，不用纠结"手套膜"，我做面包这么长时间了，也没有抻拉出来呢，也许是我的水平确实不咋地，大家不嫌弃的话，就翻开这个章节，一起做面包吧！

第 2 部分

爆款
面包

冰面包（中种法）

🔲 原料

●中种面团：
牛奶100克
耐高糖酵母3克
高筋粉130克

●主面团：
中种面团全部
淡奶油60克
牛奶40克
糖40克
高筋粉100克
低筋粉20克
盐3克

●酸奶冰淇淋馅：
淡奶油120克
糖20克
稠酸奶100克

●表面装饰：
面粉少许

●数量：
8个

白富美面包，是脏脏包的媳妇，一黑一白，相映成趣，多有趣……

做法

1. 将 100 克牛奶倒入大碗中，加入 3 克耐高糖酵母搅匀，加入 130 克高筋粉，揉成面团，盖好，发酵至 3 倍大后，入冰箱冷藏 8 小时取出，这是中种面团（左为发酵前的状态，右为发酵后的状态）。

2. 把中种面团撕成小块放入面包机内桶，倒入 60 克淡奶油、40 克牛奶，加入 40 克糖、100 克高筋粉、20 克低筋粉、3 克盐。

3. 放入面包机，启动和面程序，揉面 30 分钟就好了。

4. 把揉好的面团放在案板上按扁，分成 8 份。

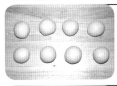

5. 分别揉圆。

6. 码放在不粘烤盘上。

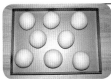

7. 盖好放在温暖处发酵至约 1.5 倍大。

8. 表面筛一层面粉。

9. 送入预热好的烤箱，中下层，上下火，180℃ 25 分钟，烘烤 10 分钟就加盖锡纸。

10. 出炉后把面包放在凉网上凉凉。

11. 将 120 克淡奶油倒入盆中，加入 20 克糖，打发至有纹路可流动的状态后，加入 100 克稠酸奶。

12. 用电动打蛋器再搅打均匀。

13. 装入已装好泡芙花嘴的裱花袋中。

14. 把凉透的面包用小刀在侧面开个洞，上下搅一搅，确保面包内部有足够的空间。

15. 把酸奶冰淇淋从小刀入口处挤入，冰箱冷冻保存。

二狗妈妈碎碎念

1. 冰面包的 3 种吃法：一是挤入内馅后立即吃掉；二是冰箱冷冻 10 分钟后食用；三是冰箱冷冻至面包变硬挺后，室温解冻 30 分钟，面包变软但馅儿还硬的时候食用。每一种吃法都非常好吃哟。

2. 内馅可以换成您喜欢的任何冰淇淋，也可以把熔化后的市售冰淇淋挤入，但这种方法操作起来有点麻烦哟。

3. 表面装饰的面粉无所谓高筋粉、中筋粉、低筋粉，不装饰也无所谓。

4. 烘烤 10 分钟就加盖锡纸，是为了使"冰面包"表面颜色浅一些，外观更好看一些。

超软牛奶卷
（中种法）

软萌软萌的牛奶卷面包以独特的造型获得了无数人的喜爱，软绵绵的口感也非常好吃呢，
所以说，每一款走红的美食都有着独特的魅力，并不是徒有其名！

原料

○ 中种面团：
牛奶150克　　　　高筋粉70克
耐高糖酵母3克　　低筋粉60克
高筋粉240克　　　盐3克
　　　　　　　　　无盐黄油40克

○ 主面团：　　　　○ 表面装饰：
中种面团全部　　　高筋粉
耐高糖酵母1克
鸡蛋1个　　　　　○ 数量：
牛奶30克　　　　　12个
糖50克

做法

1. 将150克牛奶倒入盆中，加入3克耐高糖酵母，搅匀。

2. 加入240克高筋粉，揉成面团。

3. 盖好室温发酵约4小时（或冰箱冷藏17~20小时）。

4. 把发酵好的面团撕成小块放进面包机内桶，再加上1克耐高糖酵母、1个鸡蛋、30克牛奶、50克糖、70克高筋粉、60克低筋粉、3克盐。

5. 放入面包机，启动和面程序，揉面15分钟后加入40克无盐黄油，再揉面15分钟就好了。

6. 把揉好的面团放在案板上，分成12份，揉圆，盖好静置15分钟。

7. 取一块面团擀开，两侧向中间折。

8. 再把面团擀长后，从两端向中间卷。

9. 把卷好的面团翻过来，一个生坯就做好了。

10. 依次做好12个，码放在不粘烤盘上。

11. 盖好，发酵至约1.5倍大。

12. 表面筛高筋粉后，用锋利的刀片划"X"形刀口。

13. 送入预热好的烤箱，中下层，上下火，180℃25分钟，上色后及时加盖锡纸。

二狗妈妈碎碎念

1.喜欢吃甜一些的可以增加糖的用量。

2.如果喜欢吃粗粮口感的，可以把60克低筋粉换成等量全麦粉或多谷物面包粉。

3.表面筛什么样的面粉都可以，高筋、中筋、低筋粉都可以的。

德式碱水包

 原料

水160克
植物油10克
耐高糖酵母4克
高筋粉300克
盐3克

● 碱水:
温水500克
烘焙专用碱20克

● 表面装饰:
海盐

● 数量:
6个

无糖低油的碱水包,有一大帮忠实的粉丝,吃起来口感独特,非常耐人寻味。

做法

1. 将 160 克水倒入面包机内桶，加入 10 克植物油、4 克耐高糖酵母、300 克高筋粉、3 克盐。

2. 放入面包机，启动和面程序，揉面 30 分钟就好了。

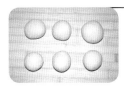

3. 把面团直接放案板上，平均分成 6 份，揉圆盖好静置 15 分钟。

4. 取一块面团擀开。

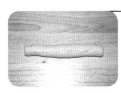

5. 卷起来，捏紧接缝处，依次做好 6 条。

6. 取一个面团，搓长，中间要粗一些，两边要细一些，整个面团长约 60 厘米。

7. 把面团两端像图中这样交叉。

8. 然后两端向上翻折，搭在面团上。

9. 依次做好 6 个，盖好，放冰箱冷冻 30 分钟。

10. 将 500 克温水倒入盆中，加入 20 克烘焙专用碱，搅匀。

11. 把冷冻至硬挺的面包生坯取出，放在碱水中浸泡 20 秒。

12. 放在铺了油布的烤盘上。

13. 在面包生坯粗的部位，用锋利的刀片划个口子，撒一些海盐做装饰。

14. 送入预热好的烤箱，中下层，上下火，200℃ 20 分钟，颜色满意后要及时加盖锡纸。

二狗妈妈碎碎念

1.这款面包，全程不用发酵，如果您想吃口感软一些的，那就在第9步冷冻前，盖好室温发酵30分钟后再冷冻。

2.一定要用烘焙专用碱，不要用家里的普通碱面替换，口感真的不一样哟。

3.因为碱有很强的腐蚀性，所以从第10步开始，所有操作请戴手套进行。特别要注意的是：烤盘上一定要铺一块油布再放泡完碱水的面包生坯，不然会把烤盘弄坏。油布我都没舍得用新油布，而是一块用了旧的油布。

4.表面的海盐如果没有，可以省略。

德式碱水包

蜂蜜老面包（中种法）

原料

● 中种面团：
牛奶200克
蜂蜜50克
耐高糖酵母6克
高筋粉200克
低筋粉100克

● 主面团：
中种面团全部
鸡蛋1个
蜂蜜90克
牛奶120克
高筋粉230克
低筋粉70克
盐6克
无盐黄油50克

● 表面装饰：
无糖黄油适量

● 数量：
9个

老面包从来就没有"过气"一说，任何时候，大家都非常喜爱它独特的口感。我在《二狗妈妈的小厨房之自制面包》中曾收录过一款"淡奶油老式面包"，大家都很喜欢，这次我又带来了蜂蜜老面包，希望也能得到您的喜爱。

🧑‍🍳 做法

1. 将 200 克牛奶倒入盆中，加入 50 克蜂蜜、6 克耐高糖酵母，搅匀。

2. 加入 200 克高筋粉、100 克低筋粉，揉成面团。

3. 盖好，室温发酵约 4 小时（或冰箱冷藏 17~20 小时）。

4. 把发酵好的面团撕成小块放进面包机内桶，再加上 1 个鸡蛋、90 克蜂蜜、120 克牛奶、230 克高筋粉、70 克低筋粉、6 克盐。

5. 放入面包机，启动和面程序，揉面 15 分钟后加入 50 克无盐黄油，再揉面 15 分钟就好了。

6. 把揉好的面团直接放案板上分成 9 份，揉圆盖好静置 15 分钟。

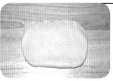

7. 取一块面团擀开。

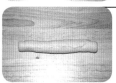

8. 卷起来，捏紧接缝处。

9. 依次做好 9 条后，盖好静置 15 分钟。

10. 取一块面团搓长，对折，扭起来。

11. 卷起来，把左手尾端面条塞进右手的洞里。

12. 依次做好 9 个，码放在不粘烤盘上。

13. 盖好，放在温暖处发酵至约 1.5 倍大。

14. 送入预热好的烤箱，中下层，上下火，190℃ 35 分钟，上色后及时加盖锡纸。

15. 出炉立即从烤盘上取出，刷熔化的无盐黄油。

二狗妈妈碎碎念

1. 蜂蜜选择自己喜欢的口味即可，蜂蜜的口味直接影响面包的最后口感。

2. 我用的烤盘是 26 厘米×26 厘米的深烤盘，如果您没有，用 28 厘米×28 厘米的三能金盘也可以。

3. 这样的整形方法是老式面包的特色，成品才能出现丝丝缕缕的拉丝效果。整形时候，面团搓长时候觉得回缩太厉害，那就盖好静置 10 分钟后再操作。

4. 出炉后要趁热刷黄油，这样黄油会浸入面包中，凉透后表面不会有油腻腻的感觉。

果仁大列巴

大列巴里的果仁，一定要多放，不计成本地放，就是多放再多放哟！

🏠 原料

鸡蛋3个
蛋清1个
牛奶150克
糖100克
耐高糖酵母8克
高筋粉600克
盐6克
无盐黄油40克

◎ 卷入馅料：
葡萄干约300克
熟核桃仁约180克

◎ 表面装饰：
蛋黄1个

◎ 数量：
2个

👨‍🍳 做法

1. 把 3 个鸡蛋全蛋和 1 个蛋清打入面包机内桶（蛋液总重量约 190 克），1 个蛋黄放在小碗中备用。

2. 加入 150 克牛奶，加入 100 克糖、8 克耐高糖酵母、600 克高筋粉、6 克盐。

3. 放入面包机，启动和面程序，揉面 15 分钟后加入 40 克无盐黄油再揉 15 分钟就好了。

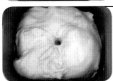

4. 盖好，温暖处发酵 60~90 分钟，发酵好的面团用手插洞，洞口不回缩不塌陷。

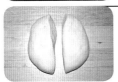

5. 把发酵好的面团放在案板上，按扁后分成两份。

6. 取一块面团擀成长方形薄片，在上面铺满葡萄干和熟核桃仁。

7. 从一侧卷起来，捏紧收口。

8. 同样的方法整理好另外一个后，码放在不粘烤盘上。

9. 盖好，放在温暖处发酵至约 2 倍大。

10. 用毛刷蘸之前预留的蛋黄，刷在面包生坯表面后，用锋利的刀片深深地划几刀。

11. 送入预热好的烤箱，中下层，上下火，180℃ 40 分钟，上色后及时加盖锡纸。

◁ 二狗妈妈碎碎念 ▷

1.鸡蛋有大有小，我用的都是带壳重65~70克的，如果您的鸡蛋个头较小，那就增加牛奶的用量。

2.葡萄干要提前用水清洗后用厨房用纸吸干水分，葡萄干和熟核桃仁可以用您喜欢的其他果干、干果替换，一定要多放。

3.这款面包因为水分含量较少，所以吃起来比较韧，如果您喜欢吃松软口感的，那就增加牛奶用量10~30克。

4.因为刷的是蛋黄液，所以上色非常快，一定要密切观察上色情况，及时加盖锡纸，防止上色过重，影响美观。

黑糖吐司（中种法）

黑糖吐司一直很火，听说最正宗的方子用的是鲁邦种，请原谅我的水平还没有达到如此高超，所以我就用了简单易操作一些的中种法，做出来的吐司也很柔软好吃。当然不能和正宗的黑糖吐司相比喽。我，毕竟是个二半吊子嘛！

🍚 原料

○ 中种面团：
水230克
耐高糖酵母6克
高筋粉360克

高筋粉200克
奶粉20克
盐6克
无盐黄油40克

○ 主面团：
中种面团全部
鸡蛋1个
水70克
黑糖80克

○ 馅料：
黑糖适量

○ 数量：
2个（450克吐司）

👨‍🍳 做法

1. 将30克水倒入大碗中，加入6克耐高糖酵母搅匀，加入360克高筋粉，揉成面团，盖好，发酵至3倍大后，入冰箱冷藏8小时取出，这是中种（左为发酵前的状态，右为发酵后的状态）。

2. 把中种面团撕成小块放入面包机内桶，加入1个鸡蛋，倒入70克水，加入80克黑糖、200克高筋粉、20克奶粉、6克盐。

3. 放入面包机，启动和面程序，揉面15分钟后加入40克无盐黄油，再揉面20分钟就好了。

4. 把面团放在案板上分成6份。

5. 揉圆后盖好，静置15分钟。

6. 取一块面团擀开，铺一些黑糖。

7. 卷起来，捏紧接口。

8. 依次做好6条，每3条为一组。

9. 编成2个三股辫。

10. 分别码放在450克的不粘吐司模具中。

11. 温暖处发酵至模具九分满。

12. 送入预热好的烤箱，下层，上下火，180℃ 40~45分钟，上色后及时加盖锡纸。

◁二狗妈妈碎碎念▷

1.本款吐司的含水量较大，我用的是王后日式吐司粉，吸水性强且易出膜，如果您用的高筋粉吸水性不强，那要减少液体量哟。

2.黑糖我用的是冲绳黑糖粉，网购即可，如果买不到，可以用红糖替换。

3.如果想卷入的糖更多，那就买一些黑糖块，效果更好哟。

黑眼豆豆（汤种法）

原麦山丘里的一款经典面包，咱不知道配方，照猫画虎地做一下吧，如果要吃正宗的，那您一定要去人家店里购买哟！

原料

○ 汤种：
水100克
高筋粉20克

可可粉10克
盐3克
无盐黄油30克

○ 主面团：
汤种全部
牛奶125克
糖40克
耐高糖酵母3克
高筋粉240克
耐高温巧克力豆60克
低筋粉30克

○ 馅料：
巧克力适量

○ 表面装饰：
全蛋液适量

○ 数量：
6个

做法

1. 将100克水和20克高筋粉放入小锅中，小火边加热边搅拌，一直到有纹路浓稠状态就关火，凉透后盖好冰箱冷藏8小时。

2. 把全部汤种放入面包机内桶，倒入125克牛奶，加入40克糖、3克耐高糖酵母、240克高筋粉、30克低筋粉、10克可可粉、3克盐。

3. 放入面包机，启动和面程序，揉面15分钟后加入30克无盐黄油再揉15分钟就好了。

4. 面团揉好后，加入60克耐高温巧克力豆。

5. 再用面包机揉面2分钟，把巧克力豆揉匀就可以了。

6. 把面团直接放至案板上按扁，分成6份。

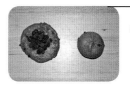

8. 把面团按扁，包入适量自己喜欢的巧克力，捏紧收口。

9. 把包好巧克力的面团收口朝下码放在不粘烤盘上。

10. 盖好，放在温暖处发酵至约2倍大。

11. 在面包生坯上薄薄刷一层全蛋液。

12. 送入预热好的烤箱，中下层，上下火，180℃ 30分钟，上色后及时加盖锡纸。

二狗妈妈碎碎念

1.面团揉好后，加入的耐高温巧克力豆也可以根据自己的喜好增加或减少，只要把巧克力豆都揉进面团就可以了。

2.这款面包我省略了基础发酵，如果您不认可这种方法，可以在面团揉好加入巧克力豆后，盖好，温暖处静置约60分钟，面团发酵至两倍大，用手指蘸水后戳洞，洞口不回缩不塌陷就是完成了基础发酵。

3.包入的巧克力可多可少，一般都是包入黑巧克力，但自己做，就随自己的口味来吧！

黑骑士（汤种法）

有人问我，你会做黑骑士吗？我问，黑骑士是啥？对方就发过来了几张图片，唉，这就是黑骑士呀……像不像骑着黑马的将军！威风极了！

🍯 原料

○ **汤种：**
水100克
高筋粉25克

○ **主面团：**
汤种全部
牛奶60克
淡奶油100克
糖40克
耐高糖酵母3克
高筋粉250克
低筋粉30克
深黑可可粉15克
盐3克

○ **馅料：**
奶油奶酪250克
糖50克
淡奶油120克
奥利奥饼干碎60克

○ **表面装饰：**
奥利奥饼干16块
糖粉适量
全蛋液适量

○ **数量：**
8个

👨‍🍳 做法

1. 将100克水和25克高筋粉放入小锅中，小火边加热边搅拌，一直到有纹路浓稠状态就关火，凉透后盖好，冰箱冷藏8小时。

2. 把全部汤种放入面包机内桶，倒入60克牛奶、100克淡奶油，加入40克糖、3克耐高糖酵母、250克高筋粉、30克低筋粉、15克深黑可可粉、3克盐。

3. 放入面包机，启动和面程序，定时30分钟，时间到，面团就揉好了。

4. 把面团直接放在案板上，分成8份，揉圆后盖好静置15分钟。

5. 取一块面团擀开，卷起来捏紧收口，并稍搓长一些。

6. 依次做好8个，码放在不粘烤盘上。

7. 盖好，放在温暖处发酵至2倍大。

8. 表面刷全蛋液后，送入预热好的烤箱，中下层，上下火，190℃ 20分钟，烘烤10分钟就加盖锡纸。

9. 将250克奶油奶酪放入盆中室温软化，加入50克糖搅至顺滑，加入120克淡奶油搅匀后加入60克奥利奥饼干碎拌匀。

10. 面包出炉凉透后，在每个面包中间切一刀（不切断），把奥利奥奶酪淡奶油装入裱花袋挤入面包缝中，插上两块奥利奥饼干，表面筛糖粉就大功告成啦。

🦴 二狗妈妈碎碎念

1.这款汤种和"黑眼豆豆"面包的汤种相比，多了5克的高筋粉，出来的汤种会稍稠一些，这都没有关系，汤种中，高筋粉的占比在20%~25%都是可以的。

2.深黑可可粉网上有售，如果买不到，用普通可可粉也可以，只不过做出来面包颜色不够深。

3.如果想要更好看，可以在最后筛完糖粉后，表面用熔化的白巧克力挤出一些线条装饰。

菠萝包（中种法）

快来一口菠萝包吧，菠萝包里可没有菠萝哟！如果您喜欢，可以把刚出炉的菠萝包剖开，夹一片有盐黄油，那味道简直是太赞啦！

原料

○中种面团：
牛奶100克
耐高糖酵母3克
高筋粉130克

○主面团：
中种面团全部
鸡蛋1个
水30克
糖40克
高筋粉100克
低筋粉60克
奶粉20克
盐3克

无盐黄油20克

○菠萝皮：
无盐黄油80克
糖粉50克
蛋清液25克
低筋粉110克
奶粉20克

○表面装饰：
蛋黄液适量

○数量：
10个

4. 揉面的时候，我们来做菠萝皮：80克无盐黄油室温软化，加入50克糖粉。

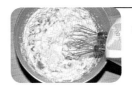

5. 用电动打蛋器搅打均匀。

6. 25克蛋清液加入盆中，用电动打蛋器打匀。

做法

1. 将100克牛奶倒入大碗中，加入3克耐高糖酵母搅匀，加入130克高筋粉，揉成面团，盖好，发酵至3倍大后，入冰箱冷藏8小时取出，这是中种（左为发酵前的状态，右为发酵后的状态）。

2. 把中种面团撕成小块放入面包机内桶，加入1个鸡蛋，倒入30克水，加入40克糖、100克高筋粉、60克低筋粉、20克奶粉、3克盐。

3. 放入面包机，启动和面程序，揉面15分钟后加入20克无盐黄油，再揉面15分钟就好了。

7. 筛入110克低筋粉、20克奶粉。

8. 用刮刀拌匀。

9. 装入大一些的保鲜袋，整理成圆柱形，入冰箱冷藏备用。

10. 把揉好的面团放在案板上按扁，分成10份。

11. 分别揉圆备用。

17. 用菠萝皮包住面团，底部不用包裹。

12. 把冷藏后的菠萝皮面团撕去保鲜袋，分成10份。

18. 依次做好10个，码放在不粘烤盘上。

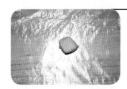
13. 取一个大保鲜袋，把一块菠萝皮面团放在保鲜袋一侧。

19. 表面刷蛋黄液。

14. 把保鲜袋另外一侧翻折过来，盖住菠萝皮面团，用擀面杖擀成圆片。

20. 用牙签在菠萝皮上轻划出网格线条。

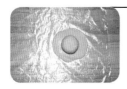
15. 把保鲜袋打开，取一个面团收口朝上，放在菠萝皮中间。

21. 放在温暖处发酵至约1.5倍大。

16. 提起保鲜袋，把菠萝皮盖在面团上，然后撕去保鲜袋。

22. 送入预热好的烤箱，中下层，上下火，180℃ 25分钟，上色后及时加盖锡纸。

二狗妈妈碎碎念

1.这款菠萝包可以包入您喜欢的任何馅料，口感会更加丰富。

2.我为了不浪费太多鸡蛋，所以把蛋清放在了菠萝皮面团里，蛋黄留着刷菠萝包表面。如果不喜欢，可以在菠萝皮面团里加入25克全蛋液，菠萝皮表面可以不刷任何东西就烘烤，同样好吃好看。

3.菠萝皮的表面用牙签划网格线条时，一定不要划得很深，烤出来会不好看。

4.此款菠萝包的分量较大，可以做10个，也需要大一些的烤盘和烤箱，如果您家烤箱、烤盘都不大，那请把所有原料减半后操作，烘烤时间可以减少几分钟。

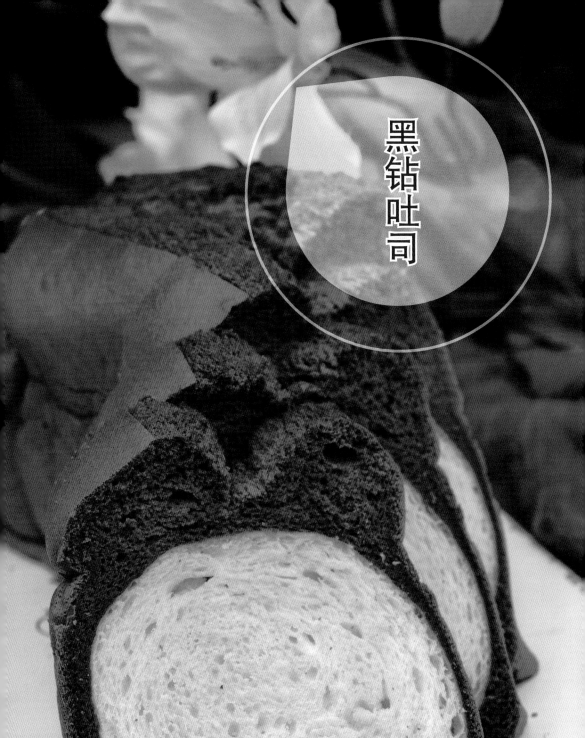

黑钻吐司

蛋糕与面包的经典结合，在面包坊里经久不衰，一口咬下去，蛋糕的绵软和面包的柔香，滋味好奇妙……

黑钻吐司

○ 面包部分:　　　低筋粉30克　　　低筋粉100克
牛奶70克　　　　　奶粉20克　　　　　可可粉20克
淡奶油70克　　　　盐3克　　　　　　　鸡蛋6个
鸡蛋1个　　　　　　　　　　　　　　　糖80克
糖50克　　　　　　○ 蛋糕部分:
耐高糖酵母3克　　　牛奶120克　　　　○ 数量:
高筋粉220克　　　　无盐黄油50克　　　2个

做法

1. 将70克牛奶倒入面包机内桶,加入70克淡奶油、1个鸡蛋、50克糖、3克耐高糖酵母、220克高筋粉、30克低筋粉、20克奶粉、3克盐。

2. 放入面包机,启动和面程序,揉面40分钟就好了。

3. 把揉好的面团直接放在案板上,按扁后分成2份。

4. 分别揉圆,盖好静置20分钟。

5. 静置面团的时间,我们给两个450克的吐司模具铺好油纸备用。

6. 把静置好的面团分别擀成宽约12厘米的长方形面片。

7. 自下向上卷起来,边卷边抻,尽量卷得紧实一些,捏紧收口。

8. 放在铺好油纸的吐司模具中。

9. 盖好,放在温暖处发酵至约1.5倍大。

10. 此时我们来做蛋糕糊。将120克牛奶倒入小奶锅,加入50克无盐黄油,小火加热至黄油一熔化就关火。

11. 筛入100克低筋粉、20克可可粉。

12. 搅匀,此时比较浓稠是正常状态。

13. 6 个鸡蛋分开蛋清蛋黄，蛋黄直接放在可可面糊中。

19. 倒入吐司模具中，轻震出大气泡。

14. 把可可面糊和蛋黄搅匀备用。

20. 送入预热好的烤箱，下层，上下火，190 ℃ 35 分钟，上色后及时加盖锡纸。

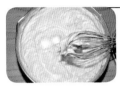

15. 6 个蛋清加入 80 克糖打发，至提起打蛋器，打蛋器头上有短而尖的硬挺尖角。

21. 在烘烤 10 分钟后，取出，用锋利的刀在中间划一道后继续入烤箱烘烤。

16. 取 1/3 蛋清放在可可面糊中。

17. 翻拌均匀后倒入蛋清盘中。

18. 再翻拌均匀。

二狗妈妈碎碎念

1.这款美食的面包部分，我省略了基础发酵，节省了时间，口感也不错。

2.如果不想用淡奶油，那可以用牛奶替换，不过用量要减少，牛奶总量在120~130克，但需要揉面15分钟后，加入20克无盐黄油。

3.面包发酵至1.5倍大的时候，把烤箱预热上，并立即去做蛋糕面糊，做好了面糊，面包也发酵得比较到位了，烤箱也预热好了。

4.在面团中还可以卷入巧克力、果酱、干果等，这样口感会更丰富。

金砖

我和先生每每去味多美，一定要买一个金砖吃，就喜欢吃到嘴里那股浓郁的黄油香气……
先生问我："你可以复制这款金砖吗？"我大大咧咧地就答应了，结果，前前后后做了十几
次，才做成功，我太难了……

🏺 原料

水80克　　　　　盐3克
淡奶油60克
鸡蛋1个　　　　　裹入用无盐黄油
糖40克　　　　　120克
耐高糖酵母6克
高筋粉220克　　　○数量：
低筋粉70克　　　2个
奶粉10克

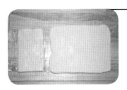

5. 把冷冻好的面团擀成比黄油片高一些、比黄油片宽两倍的长方形厚片。

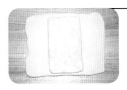

6. 把黄油片的保鲜袋去除后放在面片中间。

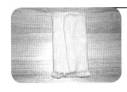

7. 把面片往中间对折，包住黄油，上下捏紧接口处。

👨‍🍳 做法

1. 将80克水倒入面包机内桶，加入60克淡奶油、1个鸡蛋、40克糖、6克耐高糖酵母、220克高筋粉、70克低筋粉、10克奶粉、3克盐。

8. 旋转90度后擀长，大约60厘米长。

2. 放入面包机，启动和面程序，揉面30分钟就好了。

9. 按图所示，把面片两端对折，注意一边少一些，一边多一些。

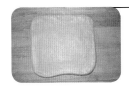

3. 揉好的面团直接放在案板上擀成方形厚面片，包好立即放冰箱冷冻30分钟。

10. 再对折。

4. 120克无盐黄油室温软化后装入小号保鲜袋，擀成方片，大小约14厘米×8厘米，入冰箱冷藏约20分钟。

11. 把面片旋转90度后再擀长，大约40厘米长。

12. 三折后稍擀，包好，入冰箱冷冻1小时，至面片硬挺。

18. 依次做好6组，码放在两个金砖模具中，盖好，室温发酵90~120分钟。

13. 取出面片，切去两边后分成6等份。

19. 发酵至模具八分满。

14. 再把每份面片分成3条。

20. 放在烤盘里，再送入预热好的烤箱，中下层，上下火，190℃ 40分钟。

15. 把面片切面朝上，擀长后，3条一组，如图所示，搭好。

16. 编成三股辫。

17. 两端向中间对折后，放在金砖模具中。

二狗妈妈碎碎念

1.面团一定要按步骤进行冷冻，尤其是最后切条之前的冷冻非常重要，不然不太容易操作，而且容易混酥。

2.面团的软硬度和黄油片的软硬度一定要保持一致，不然不好操作。

3.如果没有金砖模具，此配方可以用一个450克吐司模具，烘烤时间可以增加5分钟。

4.切下来的边角料可以擀开，藏在辫子折叠的中间。

麻薯可可软欧（液种法）

松软的面包加上拉丝的麻薯，还有满口的干果香，搭配巧克力豆的浓郁，天哪，这是怎样的神仙味道！

原料 📋

○ 液种：
水80克
耐高糖酵母1克
高筋粉80克

○ 主面团：
液种全部
牛奶120克
糖40克
耐高糖酵母2克
高筋粉190克
可可粉10克
盐3克
无盐黄油30克

○ 麻薯：
糯米粉75克
玉米淀粉25克
糖15克
牛奶170克
无盐黄油15克

○ 其他馅料：
综合干果适量

耐高温巧克力豆适量

○ 表面装饰：
面粉适量

○ 数量：
6个

做法

1. 将75克糯米粉放入盆中，加入25克玉米淀粉、15克糖。

2. 加入170克牛奶，搅拌均匀。

3. 在盆上盖一层保鲜膜，扎几个孔。

4. 放入已经烧开的蒸锅中，中火蒸20分钟。

5. 把蒸好的糯米面团放在硅胶垫子上，加入15克无盐黄油。

6. 戴上硅胶手套，把无盐黄油充分揉进面团中，这就是麻薯。

7. 把麻薯面团分成2份，盖好备用。

8. 将80克水倒入碗中，加入1克耐高糖酵母搅匀，加入80克高筋粉，搅匀后盖好，室温发酵1小时后入冰箱冷藏8~12小时，至表面都是密集的小气泡就可以了，这是液种。

9. 把全部液种放入面包机内桶，倒入120克牛奶、40克糖、2克耐高糖酵母、190克高筋粉、10克可可粉、3克盐。

10. 放入面包机，启动和面程序，揉面15分钟后加入30克无盐黄油再揉15分钟就好了。

 11. 揉好的面团直接放在案板上分成 2 份。

 17. 盖好，温暖处发酵至约 1.5 倍大。

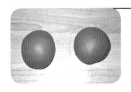 12. 揉圆盖好，静置 15 分钟。

 18. 表面筛面粉，用锋利的小刀随意划些小口。

 13. 把面团擀开，把麻薯面团抻薄，放在面片上面。

 19. 送入预热好的烤箱，中下层，上下火，190℃ 35 分钟，上色后及时加盖锡纸。

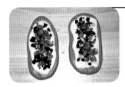 14. 撒一些综合干果和耐高温巧克力豆。

 15. 卷起来，捏紧接缝处。

16. 码放在不粘烤盘上。

二狗妈妈碎碎念

1.可可粉可以换成抹茶粉，馅料里的综合干果和耐高温巧克力豆也可以换成蜜豆，这样就是麻薯抹茶软欧咯。

2.如果喜欢吃麻薯，可以按比例增加麻薯用量，蒸制时间也要适当延长。

3.表面装饰的面粉高筋粉、中筋粉、低筋粉都可以，如果不喜欢也可以不装饰。

拉丝热狗棒

一口咬下去，这满足感！太美好啦……

📷 原料

牛奶130克　　　　　脆皮肠6根
糖20克　　　　　　　长竹签6根
耐高糖酵母2克
高筋粉160克　　　　○ 表面装饰：
低筋粉40克　　　　　鸡蛋2个
盐2克　　　　　　　　面包糠适量
玉米油10克　　　　　沙拉酱或番茄酱少许

○ 馅料：　　　　　　○ 数量：
马苏里拉奶酪丝180克　6个

👨‍🍳 做法

1. 将130克牛奶倒入面包机内桶，加入20克糖、10克玉米油、2克耐高糖酵母、160克高筋粉、40克低筋粉、2克盐。

2. 放入面包机，启动和面程序，揉面30分钟就好了。

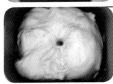

3. 盖好，温暖处发酵60~90分钟，发酵好的面团用手插洞，洞口不回缩不塌陷。

4. 发酵面团的时候，我们来准备6根脆皮肠、6根长竹签、180克室温软化好的马苏里拉奶酪丝。

5. 先把马苏里拉奶酪丝分成6份，用手攥成椭圆形。

6. 用竹签先穿过脆皮肠，再去穿奶酪棒，全部准备好后备用。

7. 发酵好的面团分成6份后揉圆，盖好静置15分钟。

8. 把面团擀开，把香肠奶酪棒放在上面，包好，捏紧收口。

9. 依次做好6个，盖好静置20分钟。

10. 两个鸡蛋放在盘子里打散备用，在另外一个盘子里准备一些面包糠。

11. 把热狗生坯先在鸡蛋液里滚一圈，再裹满面包糠。

12. 大火烧热油锅，转中小火，油温五成热时下入热狗生坯。

13. 不停地翻动，炸至两面金黄就可以出锅啦，表面挤沙拉酱或番茄酱。

二狗妈妈碎碎念

1.本款热狗棒的面团没有放入黄油。

2.马苏里拉奶酪丝一定要室温软化后再使用。

3.给孩子吃，竹签的尖头最好剪掉，以免戳到孩子。

4.脆皮肠可以用半根火腿肠替换。

雷神巧克力软欧（老面法）

原料

● 老面：
水80克
耐高糖酵母1克
高筋粉140克

● 主面团：
老面全部
牛奶120克
鸡蛋1个
糖50克
耐高糖酵母3克
高筋粉180克
低筋粉40克
可可粉10克
深黑可可粉5克
盐4克
无盐黄油30克

● 甘那许：
黑巧克力80克
淡奶油80克

● 奶酪馅：
奶油奶酪140克
糖30克
可可粉5克

● 可可墨西哥酱：
无盐黄油40克
糖粉30克
全蛋液30克
低筋粉22克
可可粉3克

● 表面装饰：
奥利奥饼干碎

都说雷神巧克力软欧做起来超级麻烦，我觉得还好啦，我不知道最正宗的做法是什么，但我的做法也很好吃的！

做法

1. 将 80 克水倒入大碗中，加入 1 克耐高糖酵母搅匀，加入 140 克高筋粉，揉成面团，盖好，发酵至 3 倍大后，入冰箱冷藏 8 小时后取出，这是老面。

2. 80 克黑巧克力放入小锅中，加入 80 克淡奶油，小火加热至巧克力熔化就关火，凉透，这是甘那许。

3. 把甘那许全部装入密封袋，入冰箱冷冻至稍硬的状态备用。

4. 把老面撕成小块放入面包机内桶，倒入 120 克牛奶，加入 1 个鸡蛋、50 克糖、3 克耐高糖酵母、180 克高筋粉、40 克低筋粉、10 克可可粉、5 克深黑可可粉、4 克盐。

5. 放入面包机，启动和面程序，揉面 15 分钟后加入 30 克无盐黄油再揉 15 分钟就好了。

6. 把揉好的面团直接放在案板上分成 6 份，分别揉圆，盖好，静置 15 分钟。

7. 静置面团的时间我们来做奶酪馅：140 克奶油奶酪加入 30 克糖、5 克可可粉隔热水搅至顺滑备用。

8. 取一块静置好的面团，按扁，放入一些奶酪馅，再把冻好的甘那许切一小块放在中间，包起来，捏起收口。

9. 在面包生坯表面刷水后，放入奥利奥饼干碎中，让面包表面粘满奥利奥饼干碎。

10. 把面包收口朝下，码放在不粘烤盘上，依次做好 6 个，盖好，放在温暖处发酵至 2 倍大。

11. 发酵面团的时间，我们来做可可墨西哥酱：40 克黄油软化，加 30 克糖粉搅匀。

12. 30 克全蛋液分 4 次倒入，每倒一次都要搅匀再加下一次。

13. 筛入 22 克低筋粉、3 克可可粉。

14. 搅匀后装入裱花袋备用。

15. 面包发酵至 2 倍大后，把可可墨西哥酱螺旋状挤在每个面包上面。

16. 送入预热好的烤箱，中下层，上下火，180℃ 30 分钟，上色后及时加盖锡纸。

二狗妈妈碎碎念

1. 老面要前一天制作好。

2. 甘那许至少要冷冻 1 小时至稍硬挺才可以用，不然液体状态，不容易包进面包中。

3. 深黑可可粉网上有售，如果买不到，全部用普通可可粉也可以，只不过做出来面包体颜色不够深。

4. 奶酪馅中的可可粉可以不放，但我觉得从里到外都是巧克力味儿，切开很好看，口感也更香醇。

榴莲披萨

榴莲控的不二选择，也是很多家披萨店的招牌，咱自己在家做吧，因为想放多少榴莲都可以！

🔲 原料

○ 面饼：
水100克
糖15克
耐高糖酵母2克
橄榄油10克
高筋粉150克
低筋粉30克
盐2克

○ 配料：
榴莲肉约200克
马苏里拉奶酪丝约
150克

○ 模具：
9英寸披萨盘

👨‍🍳 做法

1. 将100克水倒入面包机内桶，加入15克糖、2克耐高糖酵母、10克橄榄油。

2. 再加入150克高筋粉、30克低筋粉、2克盐。

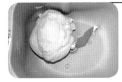

3. 放入面包机，启动和面程序，揉面30分钟就好了。

4. 揉好的面团盖好放温暖地方发酵60~90分钟，发酵好的面团用手插洞，洞口不回缩不塌陷就可以了。

5. 案板上撒面粉，面团放案板上按扁后擀成圆饼。

6. 把面饼放在9英寸披萨盘上，用手把边推到模具边上，在面饼上扎小眼。

7. 根据您喜欢的量撒一层马苏里拉奶酪丝。

8. 再铺一层厚厚的榴莲肉。

9. 再撒厚厚的一层马苏里拉奶酪丝。

10. 送入预热好的烤箱，中下层，上下火，200℃ 25分钟，上色后及时加盖锡纸。

◄ 二狗妈妈碎碎念 ►

1.如果没有披萨盘，那就直接把面饼铺在不粘烤盘上。

2.榴莲肉和马苏里拉奶酪丝的量可多可少，随您喜欢，我觉得多放的效果更好。

3.趁热吃马苏里拉奶酪才会拉丝，凉了没有热的时候好吃哟。

猫咪吐司

原料

鸡蛋1个
牛奶110克
淡奶油100克
糖55克
耐高糖酵母4克
高筋粉320克
奶粉10克
盐4克
紫薯粉2克
可可粉2克
水少许

撸猫吗？三色花的那种……

做法

1. 将 1 个鸡蛋液倒入面包机内桶,加入 110 克牛奶、100 克淡奶油、55 克糖、4 克耐高糖酵母、320 克高筋粉、10 克奶粉、4 克盐。

2. 放入面包机,启动和面程序,定时 40 分钟。

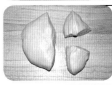

3. 把面团放在案板上,切下来约 280 克,再把这 280 克的小面团一分为二。

4. 取一块小面团放入面包机内桶,加入 2 克紫薯粉、几滴水。启动和面程序,揉 5~7 分钟,把紫薯粉揉匀后取出,盖好备用。

5. 把另一块小面团放入面包机内桶,加入 2 克可可粉、几滴水。启动和面程序,揉 5~7 分钟,把可可粉揉进面团就可以取出。

6. 这样,我们就得到了三种颜色的面团,盖好,静置 40 分钟。

7. 把紫色面团、咖色面团都一分为二,分别揉圆。

8. 取一块面团,擀开,注意宽度要比模具稍窄。

9. 将面片卷起来,捏紧接缝处。依次做好 2 条紫色面柱、2 条咖色面柱。

10. 把紫色和咖色面柱放在 280 克的猫咪吐司模具中的猫耳朵位置,往下按压紧实。

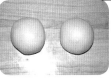

11. 把白色面团一分为二,分别揉圆。

12. 取一块面团,擀开,注意宽度要比模具稍窄。

13. 将面片卷起来,捏紧接缝处。依次做好两个白色面柱。

14. 放在模具中间,往下按压紧实。

15. 盖好模具,放温暖处发酵约 50 分钟。用牙签从模具顶部插进去,触碰到面团后取出,牙签插入的深度约 2.5 厘米即可。

16. 送入预热好的烤箱,下层,上下火,180℃ 30 分钟。出炉后立即脱模,放在凉网上凉透。切成厚片,用可食用色素笔画出猫咪表情。

二狗妈妈碎碎念

1.猫咪吐司模具基本上有280克、450克、600克的规格,我用的是2个280克模具,此面团也可以做一个600克模具的吐司,如果要做450克的,那需要把所有原料量乘0.8。

2.猫咪耳朵的面团可多可少,我给的280克只是个参考。耳朵的颜色可以用各色果蔬粉随意调整。

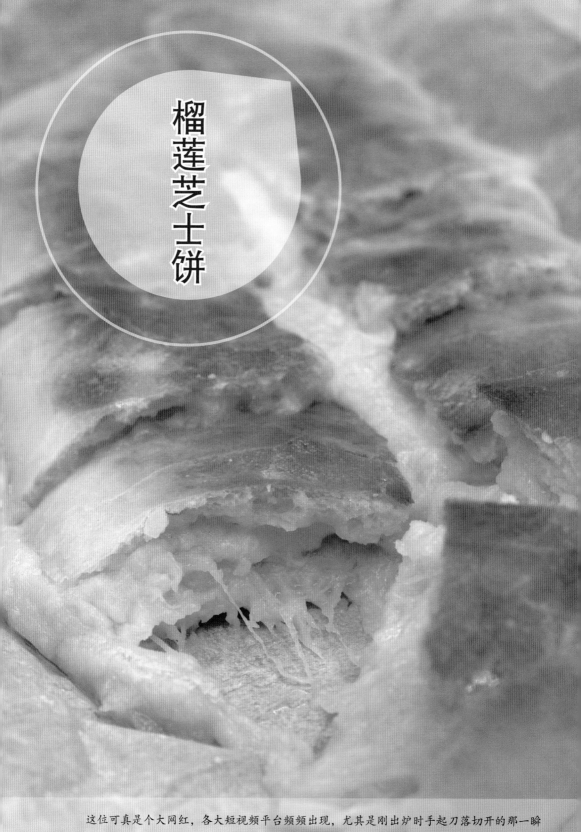

榴莲芝士饼

这位可真是个大网红,各大短视频平台频频出现,尤其是刚出炉时手起刀落切开的那一瞬间,口水都跟着流出来了呢!各家制作榴莲芝士饼的方法各不相同,不知道我的方法您喜欢吗?

原料

牛奶130克
鸡蛋1个
玉米油40克
耐高糖酵母3克
中筋粉300克

○ 表面装饰:
全蛋液适量

○ 数量:
3个

○ 馅料:
马苏里拉奶酪丝
500克左右
榴莲肉300克左右

做法

1. 将130克牛奶倒入面包机内桶,加入1个鸡蛋、40克玉米油、3克耐高糖酵母、300克中筋粉。

2. 放入面包机,启动和面程序,定时20分钟,面团就揉好了。

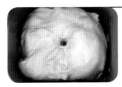

3. 将面团盖好,放温暖处发酵60分钟左右,发酵好的面团用手插洞,洞口不回缩不塌陷。

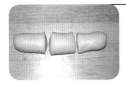

4. 把面团放在案板上揉匀,平均分成3份。

5. 取一块面团揉圆按扁,擀成薄片,在中间位置放一层马苏里拉奶酪丝。

6. 在奶酪丝上面盖一层榴莲肉。

7. 在榴莲肉上面再盖一层马苏里拉奶酪丝。

8. 提起面片,把中间位置的馅料包起来,捏紧收口。

9. 收口朝下,整理成椭圆形,码放在不粘烤盘上,把另外两个面团也依次做好。

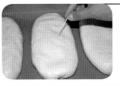

10. 盖好,室温静置30分钟后,表面刷全蛋液,用牙签扎几个洞。

11. 送入预热好的烤箱,中下层,上下火,200℃15~20分钟,上色后及时加盖锡纸。

二狗妈妈碎碎念

1.这款美食我用了中筋粉,为的是刚出炉时有那种酥脆的口感。

2.如果没有面包机,可以先把液体部分充分混合后加入面粉,用手揉成面团后,静置5分钟后再揉光滑即可。

3.马苏里拉奶酪丝和榴莲肉我没有给出一个具体的量,是因为这款饼包入的馅料多少随您喜欢。如果想拉丝效果好,那就多包一些马苏里拉奶酪丝,少一些榴莲肉;如果想吃榴莲味更浓郁,那就少包一些马苏里拉奶酪丝,多一些榴莲肉。

4.出炉趁热切块吃口感最佳。

奶酪包（汤种法）

 原料

● 汤种：
水100克
高筋粉20克

● 主面团：
汤种全部
牛奶130克
糖40克
耐高糖酵母3克
高筋粉260克
低筋粉40克
盐3克
无盐黄油30克

● 馅料：
奶油奶酪250克
糖40克
牛奶40克

● 数量：
8块

这款奶酪包曾经风靡一时，听说是从苏州花园饼屋火起来的，当年打开朋友圈，不少私房烘焙都在做这款奶酪包，要到底谁家的最好吃？这就见仁见智喽！我教您做的这款奶酪包，我觉得味道不错的，您试试看吧。

🧑‍🍳 做法

1. 将 100 克水和 20 克高筋粉放入小锅中，小火边加热边搅拌，一直到有纹路、浓稠状态就关火，凉透后盖好，冰箱冷藏 8 小时。

2. 把全部汤种放入面包机内桶，倒入 130 克牛奶，加入 40 克糖、3 克耐高糖酵母、260 克高筋粉、40 克低筋粉、3 克盐。

3. 放入面包机，启动和面程序，揉面 15 分钟后加入 30 克无盐黄油再揉 15 分钟就好了。

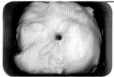

4. 将面团盖好，放温暖处发酵 60~90 分钟，发酵好的面团用手插洞，洞口不回缩不塌陷。

5. 两个 6 英寸圆形蛋糕模具，底部铺油纸，蛋糕内壁抹黄油备用。

6. 把发酵好的面团放在案板上，按扁后分成 2 份。

7. 把面团分别揉圆后放入模具中。

8. 将面团盖好，放温暖处发酵至 2 倍大。

9. 送入预热好的烤箱，中下层，上下火，180℃ 45 分钟，上色后及时加盖锡纸。

10. 250 克奶油奶酪加 40 克糖隔热水搅匀，加入 40 克牛奶拌匀备用。

11. 面包出炉立即脱模，凉透后把每个面包都分成 4 份。

12. 取一块面包，从中间切两刀，但不切断。

13. 在切口处抹上奶酪馅。

14. 再把奶酪馅抹满面包的切面后，蘸上奶粉，依次做好 8 块。

二狗妈妈碎碎念

1.煮汤种的时候，见到面糊有纹路就立即关火。面糊不要留在锅中，要立即转移至小碗中，趁热盖好，凉透后转冰箱冷藏后使用。只要汤种不变灰，就都可以用。

2.奶酪馅中的牛奶可以换成 50 克淡奶油。

3.面包抹完奶酪馅后再蘸奶粉，过一会儿奶粉会被奶酪馅浸湿，这是正常现象。

4.如果一次吃不完，可以把每块奶酪包单独包好冷冻保存，吃的时候自然回温即可食用，不过口感没有刚做好的好吃哟。

奶昔面包（波兰种）

● 波兰种：
水100克
耐高糖酵母1克
高筋粉100克

● 主面团：
波兰种全部
鸡蛋1个
牛奶90克
糖65克
耐高糖酵母3克
高筋粉250克
低筋粉50克
盐4克
无盐黄油40克

● 奶昔酱（墨西哥酱）：
无盐黄油40克
糖粉25克
鸡蛋液30克
低筋粉25克

● 馅料：
奶油奶酪300克
糖50克
淡奶油180克

● 表面装饰：
蔓越莓适量
面粉或防潮糖粉适量

● 数量：
5个

奶昔面包，我理解的就是柔软的面包＋香香的墨西哥皮＋顺滑的奶昔酱。对，就是这个思路，您换一种面团，换一种奶昔做法，就会做出另外一种口味的奶昔面包啦！

 做法

1. 将100克水放入碗中，加入1克耐高糖酵母，搅匀后加入100克高筋粉，搅至无干粉状态，盖好室温发酵约3小时。

2. 发至面团变大约4倍，充满气泡就可以了，这就是波兰种。

3. 把波兰种都倒入面包机内桶，加入1个鸡蛋、90克牛奶、65克糖、3克耐高糖酵母、250克高筋粉、50克低筋粉、4克盐。

4. 放入面包机，启动和面程序，揉面15分钟后加入40克无盐黄油再揉15分钟就好了。

5. 把揉好的面团直接放至案板上，分成5份。

6. 揉圆后码放在不粘烤盘上。

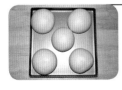

7. 盖好发酵至约2倍大。

8. 在面包发酵时我们来做墨西哥酱：40克无盐黄油室温软化后加入25克糖粉搅匀，分次加入30克鸡蛋液后搅匀，加入25克低筋粉搅匀。

9. 将墨西哥酱装入裱花袋后，挤在发酵好的面包上方。

10. 送入预热好的烤箱，中下层，上下火，180℃ 35分钟，上色后及时加盖锡纸。

11. 300克奶油奶酪室温软化后加50克糖搅匀，180克淡奶油打发至有纹路可流动的状态。

12. 把奶油奶酪和淡奶油混合均匀后装入裱花袋备用，这是奶昔酱。

13. 面包烤好后，凉凉，在面包上切4刀，每刀不要切到底，把奶昔酱挤在刀口中，加蔓越莓点缀后，筛奶粉或防潮糖粉就可以了。

◀ 二狗妈妈碎碎念 ▶

1.波兰种可以在25℃室温发酵3~4小时，也可以在冰箱冷藏发酵15~17小时，不能完全看时间，主要看发酵状态，一定要发酵到面团变稀，充满小气泡的状态。

2.面粉的吸水性不同，您可以预留一点液体，看情况再酌情添加。

3.奶昔酱中的淡奶油可以换成稠酸奶。

日式生吐司
（烫面团＋中种法）

生吐司？吐司是生的吗？

哈哈，不是的，这是日本对于入口即化的口感的一个说法，就像"生巧克力"中生的意思一样。这款吐司，我前前后后做了五六次，才调整出这种绵密又清淡的口感哟！

原料

○ 烫面团：
高筋粉50克
开水100克

○ 中种面团：
牛奶300克
耐高糖酵母6克
高筋粉400克

○ 主面团：
烫面团全部

中种面团全部
蜂蜜50克
炼乳40克
淡奶油40克
高筋粉80克
盐5克
无盐黄油50克

○ 数量：
2个（450克吐司）

做法

1. 将50克高筋粉放入碗中，加入100克开水，搅匀凉透，盖好入冰箱冷藏12小时。

2. 将300克牛奶倒入盆中，加入6克耐高糖酵母搅匀，加入400克高筋粉，揉成面团。

3. 将面团盖好，室温发酵1小时后入冰箱冷藏12小时后取出，这是中种面团。

4. 把中种面团撕成小块放入面包机内桶，把烫面团也放入面包机内桶，倒入50克蜂蜜、40克炼乳、40克淡奶油、80克高筋粉、5克盐。

5. 放入面包机，启动和面程序，揉面15分钟后加入50克无盐黄油，再揉20分钟就好了。

6. 把揉好的面团放在案板上分成4份，揉圆。

7. 取一块面团按扁后擀长，卷起来。

8. 依次做好4个，盖好静置15分钟。

9. 取一个静置好的面团，擀长，卷起来，依次卷好4个。

10. 两个面团一组，放在450克的不粘吐司模具中。

11. 盖好，温暖处发酵至模具八分满。

12. 盖好模具盖子，送入预热好的烤箱，下层，上下火，190℃ 45分钟。

二狗妈妈碎碎念

1.本款吐司的含水量很大，我用的是王后日式吐司粉，吸水性强且易出膜，如果您用的高筋粉吸水性不强，那要减少液体用量哟！

2.烫面团和中种面团在冰箱里冷藏至少8小时，最多36小时。

3.我用的是三能的吐司模具，隔热性较好，所以烘烤时间较长，如果您用的模具隔热性不太好，那要减少烘烤时间。

日式盐面包

表面看起来平淡无奇，吃到嘴里的那一刻却有惊喜，真的是吃一口就会爱上的一款面包……

🍞 原料

水130克　　　　　　无盐黄油20克
全蛋液40克　　　　　卷入用有盐黄油50克
糖30克
耐高糖酵母3克　　　　○ 表面装饰：
高筋粉210克　　　　　全蛋液、海盐片
低筋粉60克
奶粉20克　　　　　　○ 数量：
盐4克　　　　　　　　10个

👨‍🍳 做法

1. 将130克水倒入面包机内桶，加入40克全蛋液、30克糖、3克耐高糖酵母、210克高筋粉、60克低筋粉、20克奶粉、4克盐。

2. 放入面包机，启动和面程序，揉面15分钟后加入20克无盐黄油，再揉15分钟就好了。

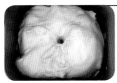

3. 将面团盖好，放温暖处发酵60~90分钟，发酵好的面团用手插洞，洞口不回缩不塌陷。

4. 揉面的时候，我们把50克冷藏的有盐黄油分成10小块，每小块重5克，放在室温等待软化。

5. 把面团放在案板上按扁，分成10份。

6. 分别揉圆后再搓成水滴形，盖好，静置15分钟。

7. 把水滴形面团擀长（约25厘米），在宽的这端放一块有盐黄油。

8. 把有盐黄油抹开，从宽的这端卷起来，收尾压在面团下方。

9. 依次做好10个，码放在不粘烤盘上。

10. 盖好，放在温暖处发酵至1.5倍大。

11. 表面刷全蛋液，在中间位置点缀一些海盐片。

12. 送入预热好的烤箱，中下层，上下火，180℃ 20分钟，上色后及时加盖锡纸。

◀二狗妈妈碎碎念▶

1.我一共用了1个鸡蛋，其中有40克放在了面团中，留10克左右用来表面装饰。

2.如果没有盐黄油，可以涂上无盐黄油，少撒一点盐就可以了，量一定不要多哟。

3.在第7步把水滴形面团擀长时，要先擀宽的部分，边抻着面团边往长擀，这样擀得比较均匀，而且可以擀得更长一些，长度一定要超过25厘米，卷出来的面包卷才好看。

4.海盐片可以网购，实在没有，可以把普通海盐粒磨碎使用。

甜甜圈

这是一款可以俘获所有宝贝的美食，做法超级简单，自己在家做，可比外卖的要实惠多咯！

🔲 原料

水130克
鸡蛋1个
糖35克
耐高糖酵母3克
高筋粉250克
低筋粉40克
奶粉10克
无盐黄油20克

○ 表面装饰：
黑白巧克力适量
巧克力脆谷米适量

○ 数量：
10~12个

👨‍🍳 做法

1. 将130克水倒入面包机内桶，加入1个鸡蛋、35克糖、3克耐高糖酵母、250克高筋粉、40克低筋粉、10克奶粉。

2. 放入面包机，启动和面程序，揉面15分钟后加入20克无盐黄油，再揉15分钟就好了。

3. 把揉好的面团直接放在案板上按扁，擀成厚约1厘米的片。

4. 用甜甜圈模具在面片上扣出生坯。

5. 把扣好的生坯放在油纸上，盖好，温暖处静置约40分钟，待生坯稍变胖一些就可以了。

6. 中火把油锅烧至四成热后转小火，把生坯正面朝下放入油锅，往下稍按一下，让油纸也浸一下油，再把油纸撕掉。

7. 炸至两面金黄。

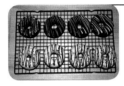

8. 捞出后放在吸油纸上，凉透备用。

9. 黑白巧克力隔热水熔化后，与巧克力脆谷米一起装饰在表面就可以啦。

二狗妈妈碎碎念

1.这款甜甜圈面团省略了基础发酵，揉好的面团直接放在案板上擀开整形。

2.如果没有模具，可以把面团分成每个50克，揉圆按扁，用手指在中间戳个洞，把洞口整理得大一些就可以了。

3.不用发酵得很大，只需要稍微变胖一些就可以入油锅炸，炸制时油温不可过高，全程保持中小火或小火。

4.炸好的甜甜圈可以趁热放在砂糖上，也可以像我一样凉透后用巧克力装饰，装饰的图案随您喜欢，不用和我一样。

5.如果您用巧克力装饰，注意要把涂好巧克力的甜甜圈放在冰箱里冷藏，待巧克力凝固后再食用。

无糖全麦贝果

 原料

水140克
橄榄油6克
耐高糖酵母3克
高筋粉200克
全麦粉50克
熟黑芝麻10克
盐3克

● 糖水：
水1000克
糖50克

● 数量：
6个

减肥人士的最爱，无糖还有粗粮，吃起来口感不要太好哟！

做法

1. 将 140 克水倒入面包机内桶，加入 6 克橄榄油、3 克耐高糖酵母、高筋粉 200 克、全麦粉 50 克、熟黑芝麻 10 克、盐 3 克。

2. 放入面包机，启动和面程序，30 分钟就揉好了。

3. 把面团直接放在案板上，分成 6 份。

4. 分别揉圆后盖好静置 20 分钟。

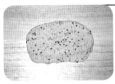

5. 取一块面团，擀开，注意有一端压得薄一些。

6. 卷起来，捏紧接缝处。

7. 把一端擀平。

8. 把另外一端塞进擀平的这端，捏紧。

9. 依次做好 6 个，放在油纸上，再放在烤盘中。

10. 放温暖处发酵约 30 分钟。

11. 准备一口锅，里面放好 1000 克水、50 克糖。

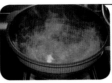

12. 大火加热至锅边有小泡就转小火。

13. 把油纸朝上，下入贝果。

14. 撕去油纸后，烫足 40 秒，翻面，再煮 40 秒。

15. 沥干水分后码放在不粘烤盘上。

16. 送入预热好的烤箱，200℃ 20 分钟。

二狗妈妈碎碎念

1.这款贝果面团省略了基础发酵，揉好的面团直接放在案板上擀开整形。

2.如果介意那6克橄榄油，可以省略不放。

3.煮贝果的时间每面不能超过1分钟，时间太长，烤好的贝果表皮会变皱不光亮。

雪山巧克力吐司（中种法）

 原料

● 中种面团：
牛奶220克
耐高糖酵母6克
高筋粉330克

● 主面团：
中种面团全部
鸡蛋1个
糖70克
水100克
高筋粉180克
可可粉20克
盐6克
无盐黄油50克
耐高温巧克力豆60克

● 巧克力甘那许：
黑巧克力80克
淡奶油80克

● 表面装饰：
防潮糖粉或奶粉适量
牛奶少许
奥利奥饼干碎适量

● 数量：
2个（450克吐司）

好吃，真的好吃！奥利奥饼干碎的酥搭配可可面团的柔软，还有巧克力甘那许、巧克力豆的点缀，怪不得会流行起来呢！这款吐司也叫脏脏吐司，因为做的时候，甘那许真的会弄脏案板，吃的时候还会弄脏手哟！

做法

1. 将220克牛奶倒入盆中，加入6克耐高糖酵母搅匀，加入330克高筋粉，揉成面团。

2. 盖好，室温发酵1小时后入冰箱冷藏12小时后取出，这是中种面团。

3. 将80克黑巧克力、80克淡奶油放入碗中，隔热水熔化，然后入冰箱冷藏备用。

4. 把中种面团撕成小块放入面包机内桶，加入1个鸡蛋、70克糖、100克水、180克高筋粉、20克可可粉、6克盐。

5. 放入面包机，启动和面程序，揉面15分钟后加入50克无盐黄油再揉20分钟就好了。

6. 在揉面的最后3分钟，加入60克耐高温巧克力豆。

7. 面团揉好的样子。

8. 把面团放在案板上分成2份，揉圆后盖好静置20分钟。

9. 取一块面团按扁，两边向中间折。

10. 擀长后抹上一半的巧克力甘那许。

11. 卷起来，捏紧收口。

12. 从中间切开，其中一端不切断。

13. 扭起来，放在450克吐司模具中，再把另外一个面团也做好，放在吐司模具中。

14. 盖好，放温暖处发酵至模具九分满。

15. 表面刷牛奶后铺一层奥利奥饼干碎。

16. 送入预热好的烤箱，下层，上下火，180℃50分钟，烘烤15分钟后加盖锡纸，出炉后表面筛防潮糖粉或奶粉。

二狗妈妈碎碎念

1.中种面团在冰箱里冷藏至少8小时，最多36小时。

2.巧克力甘那许在冰箱冷藏至稍凝固的状态比较好抹在面片上，卷的时候更容易操作。

3.奥利奥饼干碎铺满表面就可以，在烘烤的过程中，有零星散落在烤箱中是正常现象。

4.我用的是三能的吐司模具，隔热性较好，所以烘烤时间较长，如果您用的模具隔热性不太好，要减少烘烤时间。

无油无糖代餐面包（液种法）

● 馅料：
紫薯泥300克
糯米粉75克
玉米淀粉25克
牛奶170克
肉松适量

● 液种：
水80克
耐高糖酵母1克
高筋粉80克

● 主面团：
液种全部
水100克
耐高糖酵母2克
高筋粉100克
全麦粉100克
红曲粉4克
盐3克

● 表面装饰：
全蛋液、即食麦片各适量

代餐面包风靡全国，薄薄的皮大大的馅是它的特点，无油无糖更受到减肥人士的喜爱，可是，我总觉得太好吃，一次就吃好多，好像，减不了肥吧！

做法

1. 将 75 克糯米粉放入盆中，加入 25 克玉米淀粉。

2. 加入 170 克牛奶，搅拌均匀。

3. 在盆上盖一层保鲜膜，扎几个孔。

4. 放入已经烧开的蒸锅中，中火蒸 20 分钟。

5. 蒸好后的糯米面团放在硅胶垫子上，揉匀搓长，分成 6 份，盖好备用。

6. 准备好 300 克蒸好的紫薯泥，分成 6 份，攥成小球备用。

7. 将 80 克水倒入碗中，加入 1 克耐高糖 酵母搅匀，加入 80 克高筋粉，搅匀后盖好，室温发酵 1 小时后入冰箱冷藏 8~12 小时，至表面都是密集的小气泡就可以了，这是液种。

8. 把全部液种放入面包机内桶，倒入 100 克水，2 克耐高糖酵母、100 克高筋粉、100 克全麦粉、4 克红曲粉、3 克盐。

9. 启动面包机和面程序，30 分钟面团就揉好了。

10. 盖好面团，放温暖处发酵至 2 倍大。

11. 把面团放在案板上分成 6 份，揉圆盖好，静置 15 分钟。

12. 取一块面团擀开，先放一份压扁的紫薯泥，再盖一层糯米面团。

13. 再放一些肉松，包起来，捏紧收口。

14. 依次做好 6 个，码放在不粘烤盘上。

15. 盖好，放温暖处发酵至约 1.5 倍大。

16. 表面刷全蛋液，撒一点儿即食麦片装饰。

17. 送入预热好的烤箱，中下层，上下火，190℃ 25 分钟，上色后及时加盖锡纸。

◄ **二狗妈妈碎碎念** ►

1.红曲粉可以换成自己喜欢的果蔬粉，也可以不加。

2.馅料可以根据自己的喜好调整，不一定和我的一样哟。

3.我做的个头有点儿大，您可以做得小一些，分成 8份或10份都可以，相对应的馅料也要少一些哟。

脏脏包

火得一塌糊涂的脏脏包，其实并不难做，需要的就是时间和耐心。但相信我，一切的等待都是值得的……

WELCOME TO OUR MOMU

M
GOURMET FOOD

🍴 原料

牛奶120克

鸡蛋1个

糖40克

耐高糖酵母5克

高筋粉200克

低筋粉40克

可可粉10克

奶粉15克

盐3克

无盐黄油25克

裹入用无盐黄油140克

○ 馅料：

黑巧克力适量

○ 表面装饰：

黑巧克力100克

淡奶油100克

可可粉适量

○ 数量：

6个

👨‍🍳 做法

1. 将120克牛奶倒入面包机内桶，加入1个鸡蛋、40克糖、5克耐高糖酵母、200克高筋粉、40克低筋粉、10克可可粉、15克奶粉、3克盐。

2. 放入面包机，启动和面程序，揉面15分钟后加入25克无盐黄油，再揉15分钟就好了。

3. 揉好的面团直接放在案板上擀成28厘米×18厘米长方形厚片，包好立即放冰箱冷冻20分钟。

4. 140克无盐黄油室温软化后放在保鲜袋里，整理成边长约16厘米的方形薄片，入冰箱冷藏备用。

5. 把冷冻好的面片放在案板上，把黄油撕去保鲜袋后放在面片中间。

6. 把两边的面片往中间折，上下边缘要捏紧。

7. 把面片旋转90度后擀长。

8. 把面片两端往中间折。

9. 旋转90度后再擀长。

10. 把两端面片往中间折。

11. 再对折，包起来入冰箱冷藏20分钟。

 **12.** 把冷藏后的面团擀成长方形大薄片。

 **19.** 100克黑巧克力放入小锅中，加入100克淡奶油，放在小火上加热，边加热边搅拌，黑巧克力大部分熔化即可关火，用余温把其他巧克力熔化，这是甘那许。

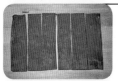 **13.** 修去不规则的边角后，切成6个长条面片。

 **20.** 把甘那许装进裱花袋，挤在出炉后的面包顶部，再筛一层可可粉就大功告成啦！

 **14.** 在每一条面片一端放少许黑巧克力。

 **15.** 从巧克力这端卷起来。

 **16.** 码放在不粘烤盘上。

 **17.** 盖好，室温发酵至约2倍大（约90分钟）。

 **18.** 送入预热好的烤箱，中下层，上下火，190℃ 30分钟，上色后及时加盖锡纸。

二狗妈妈碎碎念

1.面团一定要按步骤进行冷冻和冷藏，不然不太容易操作，而且容易混酥。

2.面团的软硬度和黄油片的软硬度一定要保持一致，不然不好操作，而且容易混酥。

3.第17步的发酵，一定是室温，不可以放发酵箱，也不可以放在特别温暖的地方，因为裹入的黄油温度稍高就会熔化，造成分层不明显，开酥失败哟。

4.甘那许可以直接淋上去，也可以像我一样用裱花袋挤上去。

白富美面包

白富美面包，是脏脏包的"媳妇"，一黑一白，相映成趣。

白富美面包

原料

牛奶120克

鸡蛋1个

糖40克

耐高糖酵母5克

高筋粉200克

低筋粉65克

盐3克

无盐黄油25克

裹入用无盐黄油140克

○ 馅料：

奶油奶酪150克

糖25克

○ 表面装饰：

白巧克力150克

奶粉或防潮糖粉适量

○ 数量：

6个

做法

1. 将 120 克牛奶倒入面包机内桶，加入 1 个鸡蛋、40 克糖、5 克耐高糖酵母、200 克高筋粉、65 克低筋粉、3 克盐。

7. 擀长。

2. 放入面包机，启动和面程序，揉面 15 分钟后加入 25 克无盐黄油，再揉 15 分钟就好了。

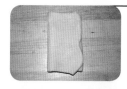

8. 把面片两端往中间折。

3. 揉好的面团直接放在案板上，擀成边长约 25 厘米的方形厚面片，包好立即放冰箱冷冻 20 分钟。

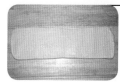

9. 旋转 90 度后再擀长。

4. 140 克无盐黄油室温软化后放在保鲜袋里，整理成边长约是 16 厘米的方形薄片，入冰箱冷藏备用。

10. 把两端面片往中间折。

5. 把冷冻好的面片取出，放在案板上，把无盐黄油片如图所示放在中间。

11. 再对折，包起来入冰箱冷藏 20 分钟。

6. 用面片把无盐黄油片包起来，并捏紧接口。

12. 150 克奶油奶酪室温软化后加 25 克糖拌匀。

· 146 ·

 13. 放入大保鲜袋，用刮板整理成柱形，入冰箱冷冻至稍硬。

 19. 盖好，室温发酵，待面团变胖至约2倍大（约90分钟）。

 14. 把冷藏后的面团擀成方形大薄片。

 20. 送入预热好的烤箱，中下层，上下火，190℃30分钟，上色后及时加盖锡纸。

 15. 修去不规则的边角后，切成6个长条面片。

 21. 出炉后在表面挤上熔化的白巧克力，筛上一层奶粉或防潮糖粉就完工了。

 16. 把奶酪馅分成6份，放在面片一端。

 17. 分别卷起来。

 18. 码放在不粘烤盘上。

二狗妈妈碎碎念

1.面团一定要按步骤进行冷冻和冷藏，不然不太容易操作，而且容易混酥。

2.表面的装饰可以不要，看个人喜好。

3.面团的软硬度和黄油片的软硬度一定要保持一致，不然不好操作，而且容易混酥。

4.馅料里面可以根据自己的喜好增加一些果干，口感会更丰富。

　　这几年的网红甜品太多了，真心无法一下子都收录进来。不少粉丝告诉我，自己做的牛轧糖、雪花酥，分享给亲朋好友，得到了大家的赞许，还有的亲亲把自己做的小甜品打上精美的包装，答谢同事、朋友，特别温暖别致……你们如此，我亦如此呀！逢年过节，我就异常忙碌，我会大批量地做很多易携带的甜品，送给平日里对我好的人，我觉得这比买的任何礼物都能表达心意……

　　本章节共收录了22款爆款甜品，但我没有收录任何饮品，因为在我的好朋友"虎虎生味儿"的《厨房新主义之虎哥的懒人食谱》中，已经收录了50款饮品，其中不少都是爆款饮品，所以我就不在这本书里再收录了，因为我做的饮品也没有虎哥做的好！

第 3 部分

爆款
甜品

奥利奥雪糕

我发现了个真理，只要加了奥利奥饼干碎的美食都能走红！因为，真的好吃！

原料

○ 雪糕糊：
生蛋黄1个
糖35克
牛奶60克
淡奶油180克
可可粉6克
奥利奥饼干碎50克

○ 数量：
8根

做法

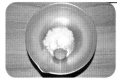
1. 将1个生蛋黄打入盆中，加入35克糖。

2. 把盆坐进沸水锅中，不停地搅拌，直至糖熔化，蛋黄颜色稍变浅。

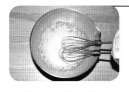
3. 用电动打蛋器搅打蛋黄，颜色变得更浅，体积变大一些。

4. 加入60克牛奶搅拌均匀备用。

5. 另取一个盆，将180克淡奶油倒入盆中，加入6克可可粉。

6. 用电动打蛋器打发至有纹路可流动的状态。

7. 把蛋黄牛奶液倒入盆中，再加入50克奥利奥饼干碎。

8. 搅匀。

9. 装入裱花袋备用。

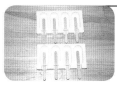
10. 雪糕模具插好木棍。

11. 把雪糕糊挤入模具中，入冰箱冷冻至少2小时至雪糕硬挺。

二狗妈妈碎碎念

1.生蛋黄盆坐进沸水锅中，不停地搅拌，其实也是一个杀菌过程，这一步非常关键，一定要等蛋黄颜色变浅后才可以进行下一步。

2.可可粉可以不加入，也可以多加或少加，我觉得可可味和奥利奥饼干非常搭。

3.奥利奥饼干碎不要擀太细碎，有颗粒感口感更好。

4.一定要用胶胶模具，并且一定要冻足至少2小时，我都是冻一宿，不然不容易脱模。

雪糕 脆皮巧克力

 原料

● 雪糕糊：
黑巧克力60克
牛奶40克
淡奶油200克
糖35克

● 脆皮酱：
黑巧克力100克
椰子油30克
熟花生碎20克

● 数量：
8根

陪伴我们一起长大的梦龙雪糕，我们无法复制，但这样做的脆皮巧克力雪糕，吃起来的感觉很像哟！

做法

1. 将 60 克黑巧克力放在碗中，加入 40 克牛奶。

2. 隔热水熔化巧克力，备用。

3. 将 200 克淡奶油倒入盆中，加入 35 克糖，用电动打蛋器打发至有纹路可流动的状态。

4. 把牛奶巧克力倒入淡奶油盆中。

5. 用电动打蛋器搅匀。

6. 装入裱花袋备用。

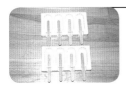

7. 雪糕模具插好木棍。

8. 把雪糕糊挤入模具中，入冰箱冷冻至少 2 小时至雪糕硬挺。

9. 待雪糕冷冻时间到了后，我们来做脆皮酱：将 100 克黑巧克力放在盆中，加入 30 克椰子油。

10. 隔热水熔化后，加入 20 克花生碎，拌匀后室温静置约 20 分钟，待脆皮酱降温。

11. 这时候我们把雪糕都脱模后放在油纸上备用。

12. 把脆皮酱倒在一个硅胶碗中，把雪糕蘸满脆皮酱，然后举着静置 1 分钟后再去蘸一遍脆皮酱，再举着静置 1 分钟。

13. 把蘸好脆皮酱的雪糕放在铺好油纸的烤盘上，再送入冰箱冷冻 10 分钟，待脆皮酱完全硬挺再食用。

二狗妈妈碎碎念

1.雪糕糊中的淡奶油，打发不要过稠，打发成稠酸奶的状态就可以了。

2.雪糕糊中的淡奶油可以用稠酸奶替换，但口感没有用淡奶油醇厚。如果喜欢，您还可以在雪糕糊中加入巧克力豆或是您喜欢的果干，口感会更丰富哟。

3.脆皮酱中的熟花生碎可以用您喜欢的坚果碎替换，椰子油可以用无盐黄油替换，但效果没有椰子油那么平整。

4.椰子油的流动性很好，所以和巧克力混合后，不能立即使用，要等巧克力降温后使用，效果才更好，我挂了两遍脆皮酱，是想让脆皮稍厚一些，如果喜欢更厚一些的，可以重复操作，但一定要等前一遍的脆皮酱凝固后再挂下一遍。举着1分钟不动，就是等脆皮酱凝固。

奥利奥雪媚娘

● 面皮：
糯米粉100克
玉米淀粉30克
糖 20克
牛奶160克
无盐黄油20克

● 夹馅：
淡奶油300克
糖10克
奥利奥饼干碎适量
糯米粉50克

● 数量：
12个

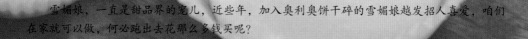
雪媚娘，一直是甜品界的宠儿，近些年，加入奥利奥饼干碎的雪媚娘越发招人喜爱，咱们在家就可以做，何必跑出去花那么多钱买呢？

🍳 做法

1. 将 100 克糯米粉放入盆中，加入 30 克玉米淀粉、20 克糖。

2. 加入 160 克牛奶，搅拌均匀。

3. 在盆上盖一层保鲜膜，扎几个孔。

4. 放入已经烧开的蒸锅中，中火蒸 20 分钟。

5. 把蒸好的糯米面团放在硅胶垫子上，加入 20 克无盐黄油。

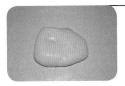

6. 戴上硅胶手套，把无盐黄油充分揉进面团中。

7. 揉好的面团搓长，分成12 份，盖好备用。

8. 50 克糯米粉炒熟备用。

9. 300 克淡奶油加入 10 克糖打发至非常浓稠的状态备用。

10. 取一块面团，在熟糯米粉中滚一圈后，放在垫子上擀开。

11. 把面皮放在半圆模具上，把打发好的淡奶油放在裱花袋中，先在底部和周围挤上淡奶油，在中间填满奥利奥饼干碎。

12. 再把表面盖满淡奶油，用面皮把淡奶油包起来，捏紧收口。

13. 底部抹少许熟糯米粉，放在纸托上就可以啦。

◀ 二狗妈妈碎碎念 ▶

1. 蒸好的糯米面团要趁热揉进黄油，如果太烫，可以戴2层或3层硅胶手套后再操作。

2. 没有半圆模具，可以用底部是圆形的小碗代替。

3. 熟糯米粉就是把糯米粉放在无油无水的锅中，小火炒至微黄。

4. 可以把奥利奥饼干碎换成您喜欢的水果粒，也非常好吃。

5. 把淡奶油挤在面皮上时，注意是用淡奶油挤成一个"小碗"，把奥利奥饼干碎放在"小碗"中，再用淡奶油把"小碗"盖住。这样操作可以保证奥利奥饼干碎不会被面皮透出来，外观比较好看。

草莓大福

 原料

● 面皮：
糯米粉120克
玉米淀粉30克
糖 20克
牛奶160克
无盐黄油20克

● 夹馅：
草莓8颗
红豆馅240克

● 表面装饰：
椰蓉适量

● 数量：
8个

大福，也是雪媚娘的一种，我理解的是不加淡奶油的雪媚娘，也不知道对不对。您可以按照自己的口味随意换馅哟！

做法

1. 将 100 克糯米粉放入盆中，加入 30 克玉米淀粉、20 克糖。

2. 加入 160 克牛奶，搅拌均匀。

3. 在盆上盖一层保鲜膜，扎几个孔。

4. 放入已经烧开的蒸锅中，中火蒸 20 分钟。

5. 把蒸好的糯米面团放在硅胶垫子上，加入 20 克无盐黄油。

6. 戴上硅胶手套，把无盐黄油充分揉进面团中。

7. 把面团搓长，分成 8 份，盖好备用。

8. 20 克糯米粉炒熟备用。

9. 8 颗草莓洗净擦干水分，每颗草莓重量在 25~30 克之间。

10. 准备好 8 份红豆馅，每份重 30 克。

11. 把红豆馅按扁，把草莓底部压在红豆馅中间。

12. 用红豆馅包住草莓，依次做好 8 颗。

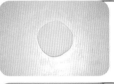
13. 取一块面团，在熟糯米粉中滚一圈后，放在垫子上擀开。

14. 把红豆草莓尖头部分放在面皮中间。

15. 用面皮把红豆草莓包起来，在底部收口。

16. 表面裹满椰蓉就可以啦。

二狗妈妈碎碎念

1.蒸好的糯米面团要趁热揉进黄油，如果太烫，可以戴2层或3层硅胶手套后再操作。

2.红豆馅可以用黑芝麻馅、红枣馅、奶黄馅替换，个人觉得红豆馅更好吃。

3.熟糯米粉就是把糯米粉放在无油无水的锅中，小火炒至微黄。

4.草莓要选用中等大小的，在25~30克之间比较合适。

5.如果想要切面漂亮，可以冷冻30分钟后再切。

大白兔奶糖冰淇淋

把最爱的大白兔奶糖做到冰淇淋里，奶香十足，风味独特，如果喜欢，在里面加上一些果干也非常好吃哟!

原料

大白兔奶糖120克
牛奶200克
淡奶油300克

○ 数量:
2个（直径9厘米、高
6厘米的铁盒）

6. 用打蛋器搅打均匀。

7. 倒入容器，盖好盖子，冰箱冷冻6小时后食用。

做法

1. 将120克大白兔奶糖放入小锅中。

2. 加入200克牛奶。

3. 小火煮至奶糖熔化后，再煮8~10分钟，至浓稠如酸奶状，盖好凉透备用。

4. 300克淡奶油打发至有纹路可流动的状态。

二狗妈妈碎碎念

1.奶糖的用量可以根据自己口味稍增减。
2.奶糖在牛奶中小火煮至熔化后，一定要再继续煮，边煮边搅拌，大概有8~10分钟，液体会变得稍浓稠，状态像酸奶一样就可以关火了。这一步非常重要，如果不煮至浓稠，做出来的冰淇淋会比较硬，会有冰碴。
3.容器不要过大，如果太大，冷冻半小时后需要用电动打蛋器打匀后，再冷冻半小时，再打一次后继续冷冻。这样做也是避免有冰碴。

5. 把奶糖酱倒入淡奶油中。

草莓奶油泡芙

外面卖好贵的泡芙，咱自家做起来丝毫没有难度，口味可以随自己喜好变换。关键是自家做的，用的都是好材料哟！

原料

○ 泡芙面团：
高筋粉65克
全蛋液100克
无盐黄油50克
盐1克
糖5克
牛奶80克
水80克

○ 草莓奶油：
淡奶油300克
糖10克
草莓粒150克

○ 数量：
12个

做法

1. 准备好65克高筋粉、100克全蛋液。

2. 小锅中放入50克无盐黄油、80克牛奶、80克水、1克盐、5克糖。

3. 中火加热至液体沸腾。

4. 立即把准备好的高筋粉倒入锅中。

5. 迅速翻拌均匀。

6. 再用小火加热约2分钟，边加热加翻拌，待面团非常抱团时关火。

7. 100克全蛋液分4~5次加入面团中，每加入一次都要翻拌均匀再加入下一次。

8. 蛋液全部加完后的状态，提起刮刀，面糊呈三角形。

9. 装入裱花袋，裱花袋可以装星星裱花嘴，也可以不装。

10. 在不粘烤盘上挤出直径约3厘米、高约2厘米的小圆柱球。

11. 手指蘸水，把表面的小尖按平。

12. 送入预热好的烤箱，中层，上下火，210℃烤15分钟后转180℃烤18~20分钟，至通体焦黄即可出炉。

17. 把泡芙从中间剖开（不剖断），挤入草莓奶油就可以啦。

13. 出炉后的泡芙凉透备用。

14. 300克淡奶油加10克糖打发至非常浓稠的状态，再准备好150克草莓粒。

15. 把草莓粒倒入淡奶油中拌匀。

16. 装入裱花袋。

二狗妈妈碎碎念

1.泡芙面团中的牛奶和水可以换成170克牛奶或150克水，高筋粉一定要迅速加入后迅速拌匀。高筋面团在用小火煮的时候，我用的是不粘锅，所以不会出现很多人说的粘锅底时再离火的情况，为了便于大家掌握，加热2分钟就可以关火啦。

2.泡芙面团中的全蛋液您可以多准备10~15克，看面团状态再进行添加，一定要分多次加入，每加入一次都要拌匀再加入下一次。加入蛋液后的状态一定是可以挂在刮刀上，并且能拉出三角形哟。

3.烘烤泡芙的时候一定要记住：全程都不可以开烤箱！

4.夹馅可以换成您喜欢的任何一种馅料。

瓜子酥

这是一款极其挑战您的耐心的美食，真心佩服《舌尖上的中国》中的老师，人家做的瓜子酥可以以假乱真的，咱们做，实在是没有人家做的好看，我就告诉大家一下做法，你们有空就自己练吧，多练几次，就会做得更好看啦！

瓜子酥

水35克　　　　　奶粉10克　　　　　○数量：
玉米油10克　　　竹炭粉2克　　　　　50颗左右
糖10克　　　　　熟瓜子仁适量
低筋粉90克

👨‍🍳 做法

1. 将35克水倒入大碗中，加入10克玉米油、10克糖。

7. 刷水后叠放在一起，黑色面片在上方。

2. 搅匀后加入90克低筋粉、10克奶粉。

8. 把面片分成4等份。

3. 揉成稍硬的面团。

9. 刷水后叠放在一起。

4. 把面团分成2份，其中一份稍大一些，一份稍小一些，在稍小的这份面团上加入2克竹炭粉。

10. 将面片擀薄、擀长，从中间切开。

5. 把竹炭粉都揉进面团中。

11. 把下方面片白色部分朝上，粘在上方面片上，再擀成宽约4厘米、厚约1厘米的长面片。

6. 把两个面团擀成长方形面片。

12. 把面片长的两边捏薄一些。

13. 从中间切开。

19. 送入预热好的烤箱，中下层，上下火，170℃ 15~20分钟，上色后及时加盖锡纸。

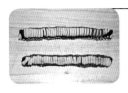

14. 再把两个厚面片切成宽约 1 毫米的小片。

15. 取两个面片，切面朝上，在其中一个面片中间放一个熟瓜子仁。

16. 把另外一个面片刷水后粘在有瓜子仁的这个面片上。

17. 整理成瓜子形状。

18. 依次做好所有生坯，码放在不粘烤盘上。

◁ 二狗妈妈**碎碎念** ▷

1.每一步的擀长擀薄都要正反两面都擀，这样才会更均匀一些。

2.第11步的时候，是把两个面片粘在一起，注意白色面片要在最外面。

3.包入的瓜子仁如果您不喜欢，那您就可以切成片稍整理直接烘烤，这样出来就会是一款瓜子模样的小饼干。

火龙果
牛奶小方

这是一款用颜值征服大家的小甜品，好看又好吃，一定会在美食界有一席之地的！

原料

红心火龙果汁100克
牛奶700克
糖40克
玉米淀粉80克
椰蓉适量

○ 数量：
1个（6英寸蛋糕，
可切24~36小块）

做法

1. 准备好100克红心火龙果汁备用。

2. 将700克牛奶倒入盆中，加入40克糖、80克玉米淀粉搅匀。

3. 把红心火龙果汁倒进牛奶盆中搅匀。

4. 过筛备用。

5. 把所有原料再次过筛至不粘锅中，中火加热。

6. 不停地搅拌，一直到出现纹路比较浓稠的状态就关火。

7. 倒入铺好油纸的6英寸方形活底蛋糕模具中，抹平表面，自然凉透后入冰箱冷藏至少2小时。

8. 把凝固好的奶冻从模具中取出，切成喜欢的大小。

9. 把每一块奶冻都粘满椰蓉就可以食用啦。

二狗妈妈碎碎念

1.我做的量稍大，放在6英寸模具里正合适，如果您没有这个模具，可以用大一些的保鲜盒铺保鲜膜后使用。

2.在锅中加热的时候，火力不要太大，中火至小火之间就可以，要边加热边不停地搅拌，到比较浓稠但还可以流动的状态就关火。

3.趁热倒入模具，趁热抹平表面，不然稍凉不太好操作。

4.如果不想要红色的，那就直接把火龙果汁等量换成牛奶。

拉丝
肉松小贝

您是否和我一样，走到鲍师傅店门口，一定要买一些肉松小贝再走？而我，总是把他家的 4 种口味一样来几个，拿回家和先生一起享用。这种感觉不要太好呢！这款肉松小贝和鲍师傅家的稍有不同，就是加入了会拉丝的麻薯，是很多私房店的爆款呢。您要不要也看看有没有赶上鲍师傅家的味道？

原料

○ 麻薯:

糯米粉45克

玉米淀粉15克

糖20克

牛奶110克

无盐黄油10克

低筋粉60克

糖30克

○ 表面装饰:

沙拉酱

海苔脆肉松

○ 蛋糕片:

鸡蛋4个

玉米油30克

牛奶60克

○ 数量:

8个

5. 戴好手套,把无盐黄油揉进麻薯面团中,充分揉匀。

6. 把麻薯面团搓长,分成8份备用。

7. 28厘米×28厘米方形烤盘铺油布备用,烤箱190℃预热。

做法

1. 将45克糯米粉倒入盆中,加入15克玉米淀粉、20克糖,混合均匀。

8. 4个鸡蛋分开蛋清蛋黄,蛋清盆中一定无油无水。

2. 加入110克牛奶搅匀。

9. 蛋黄盆中加入30克玉米油,搅拌。

3. 蒸锅放足冷水,把粉浆盆放入蒸锅,盖好锅盖,大火烧开转中火,蒸15分钟左右,至粉浆完全凝固。

10. 加入60克牛奶,搅匀。

4. 把蒸熟的麻薯面团放在硅胶垫上,凉至不太烫手的状态,加入10克无盐黄油。

11. 筛入60克低筋粉,搅匀备用。

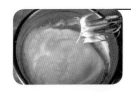
12. 蛋清盆中加入 30 克糖打发，至提起打蛋器，打蛋器头上有个长一些的弯角。

18. 用直径约 6.2 厘米的圆形模具在蛋糕片上扣出 16 个圆形小蛋糕片。

13. 挖一大勺蛋清到蛋黄盆中。

19. 去除边角料，把 16 块小蛋糕片放在一边备用。

14. 翻拌均匀后倒入蛋清盆。

20. 取两块小蛋糕片，再取一块麻薯捏成和小蛋糕片一样大小。

15. 翻拌均匀后倒入烤盘中。

21. 把麻薯片夹在两块蛋糕片中间。

16. 抹平表面，轻震几下后送入预热好的烤箱，中层，上下火，190℃ 12 分钟。

22. 把整个小蛋糕外面都涂满沙拉酱后，放在海苔脆肉松里，把整个小蛋糕外面都裹满海苔脆肉松。

17. 出炉后立即揪着油布边把蛋糕片移到凉网上。

23. 这样，一个拉丝肉松小贝就做好了，依次做好 8 个。

⟨二狗妈妈碎碎念⟩

1.麻薯面团一定要放在硅胶垫上，一定要戴PVC手套操作，不然会非常粘手。

2.肉松可以选择自己喜欢的肉松，个人觉得海苔脆肉松口感非常好。

3.如果不喜欢麻薯，可以在两个蛋糕片中间抹沙拉酱，然后其他操作方法都一样，就是普通肉松小贝啦。

牛萨萨

牛轧糖里面加入了萨其马里的面条，所以叫牛萨萨，不知道是哪一位发明的这款好吃的，太有才华啦！

牛萨萨

奶粉230克　　　○面条：　　　　　○数量：
棉花糖350克　　鸡蛋2个　　　　　130块左右
无盐黄油120克　中筋粉165克
蔓越莓干60克　　无铝泡打粉3克
炸好的所有面条　玉米淀粉少许

做法

1. 2个鸡蛋打入盆中。

7. 把面条抖散备用。

2. 把鸡蛋全部打散后，加入165克中筋粉、3克无铝泡打粉。

8. 锅中烧热油，把面条放在油锅中炸至金黄。

3. 搅匀后揉成面团，盖好静置30分钟。

9. 全部炸好后沥油备用。

4. 案板上撒玉米淀粉，把面团放在案板上擀成大薄片，分成5厘米宽的长宽条。

10. 准备好230克奶粉、350克棉花糖、120克无盐黄油、60克蔓越莓干。

5. 在每个长宽条上都抹玉米淀粉，然后叠放在一起后，中间切断。

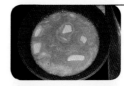

11. 大火烧热不粘锅，转小火，把120克无盐黄油放在锅中，熔化。

6. 把两摞面片再叠放在一起，切成面条。

12. 把350克棉花糖倒入锅中。

13. 待棉花糖完全熔化后，把230克奶粉倒入锅中，迅速搅匀。

18. 等待所有材料稍凉但不硬挺时，去除油布，先切成1厘米宽的长条。

14. 再把蔓越莓干倒入锅中，把炸好的面条倒入锅中，关火。

19. 再切成5厘米长的段，凉透后包糖纸。

15. 案板上放一块油布，把锅中所有材料都倒在油布上。

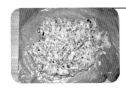

16. 戴上手套，迅速按压、翻折，重复几次后，把所有材料都混合均匀。

17. 准备一个28厘米×28厘米的正方形烤盘，提起油布，把所有材料都转移到烤盘中，用擀面杖擀压平整。

二狗妈妈碎碎念

1.蔓越莓干可以用您喜欢的果干替换。

2.切面条时尽量切得短一些、细一些。炸制面条时注意火力不要过大，中小火就行。

3.做牛轧糖时，所有原材料一定要提前准备好。火力一直是小火，切不可火力过大。

4.把炸好的面条往牛轧糖里混合时，一定要记住趁热操作，如果觉得烫手，可以用一块油布盖住按压。

5.切成小块时要注意凉的程度，不能完全凉透，不然会非常硬挺，不容易切块。

牛轧糖

🖳 原料

混合干果400克

奶粉200克

无盐黄油100克

麦芽糖450克

糖200克

水70克

蛋清2个

●数量：

100块左右

一到过节，您是不是和我一样，做一堆牛轧糖送给亲朋好友？您一定会看着书点着头回答我：是！哈哈！牛轧糖，我觉得是一款不会过气的美食，因为自己做的，太好吃了，口感真的和外面卖的不一样哟！

做法

1. 将 400 克混合干果放在烤盘中，入烤箱 100℃ 烘烤，一直到用之前都是这种低温烘烤状态。

2. 准备好 200 克奶粉和 100 克熔化的无盐黄油。

3. 将 450 克麦芽糖倒入锅中，加入 200 克糖、70 克水。

4. 用夹子在锅边夹一个温度计。

5. 中小火加热，一直到 130℃ 的时候，我们去打发蛋清。

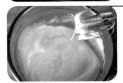

6. 2 个蛋清用电动打蛋器打发，至提起打蛋器，打蛋器头上有短而硬挺的小尖角。

7. 这时候再去看一下糖浆的温度，一定要到 138℃ 的时候，关火，把糖浆缓缓地倒入蛋白盆中，边倒边用电动打蛋器搅打均匀。

8. 这是糖浆和蛋清充分混合后的状态。

9. 把熔化的无盐黄油倒入盆中，用电动打蛋器打匀。

10. 把准备好的奶粉倒入盆中。

11. 用刮刀拌匀。

12. 把干果从烤箱中取出，倒入盆中。

13. 拌匀。

14. 把盆中所有原料倒进铺好油布的 28 厘米 ×28 厘米正方形烤盘中。

15. 盖上一张油纸，用擀面杖擀平整，放入冰箱冷藏至稍硬挺，切块，包糖纸就可以啦。

二狗妈妈碎碎念

1.混合干果可以全部用去皮的熟花生替换，总量在400~450克之间都可以的。

2.糖浆一定要熬煮到138℃，低于这个温度，牛轧糖太软不成型，高于这个温度，牛轧糖又会太硬，口感不好，所以温度计十分有必要。

3.蛋清不要提前打发，以免消泡，一定要等糖浆的温度上来之后再打发，打发好后，再去看糖浆的温度，等温度达到138℃后再进行下一步操作。

4.混合干果放在烤箱里100℃一直烘烤着，是为了让它的温度一直保持温热的状态，和糖体混合后更容易拌匀，并且凉后不易脱落。

5.这是熬糖版的牛轧糖，相比较棉花糖版的稍有点儿复杂，但口感真的非常好。如果您嫌麻烦，那就用棉花糖版做吧，步骤如下:(1)400克混合干果烤箱100℃保温备用。(2)不粘锅中放入130克无盐黄油小火熔化，加入400克棉花糖，熔化后倒入250克奶粉。(3)把奶粉拌匀后关火，把烤箱中的混合干果倒入锅中，拌匀后倒在铺了油布的28厘米×28厘米正方形烤盘中，待凉至稍硬挺后切块包糖纸。

牛轧锅巴

　　2019 年的单位义卖，我跟大家说，如果有时间，你们亲手做一些吃的，我带到义卖现场，效果一定会非常好，咱们能多给山区孩子筹一些款就多筹点儿……"赌哥"听说后，着急于自己离得远单位又非常忙，直接捐了 1000 元钱给我们定点扶贫的山区孩子，还不让我跟大家说，把我和我们的青年委员都感动到泪目。好几十位亲亲用自己的行动大力支持，有做面包的，有做酥点的，有做雪花酥、牛轧糖、饼干的……其中有一位给我快递过来了牛轧锅巴，一小块一小块单独包装，好吃极了，我只尝了一小块就非常难忘，后来才知道，这也是一款网红食品。用咸蛋黄锅巴搭牛轧糖，甜咸结合，非常好吃呢！感谢所有为我们单位义卖忙碌的你们……

原料

无盐黄油70克
棉花糖150克
奶粉50克
蔓越莓干30克
市售小块糯米
锅巴400克

○ 数量：
50块左右

做法

1. 准备好70克无盐黄油、150克棉花糖、50克奶粉。

2. 再把30克蔓越梅干切碎备用。

3. 准备好400克市售小块糯米锅巴。

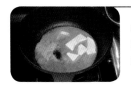
4. 不粘锅中放入70克无盐黄油，小火加热至无盐黄油全部熔化。

5. 倒入150克棉花糖。

6. 加热至棉花糖全部熔化。

7. 倒入50克奶粉，迅速搅匀后关火。

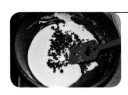
8. 把切好的蔓越梅干碎倒入锅中搅匀。

9. 取一块锅巴，拿小勺盛一点牛轧糖放在上面，把另外一块锅巴趁热盖在牛轧糖上。

10. 这是做好的一块牛轧锅巴，依次做完所有牛轧锅巴。

二狗妈妈碎碎念

1.蔓越莓干可放可不放，也可以用葡萄干替换，一定要切碎后使用。

2.做牛轧糖时，所有原材料一定要提前准备好。火力一直是小火，切不可火力过高。

3.市售糯米锅巴有很多种口味，我用的是咸蛋黄口味的。

4.在后期往锅巴里夹牛轧糖时，如果发现比较黏稠不好操作，可用小火稍加热一下再继续操作就可以了。

雪花酥

原料

棉花糖360克
小奇福饼干460克
奶粉95克
抹茶粉5克
（可替换等量紫薯粉、
红甜菜根粉、可可粉
等果蔬粉）
综合干果140克
冻干草莓60克
无盐黄油120克

● 装饰用粉类：
奶粉20克
抹茶粉3克

● 数量：
100块

每年过节时，我一定会做一些雪花酥给亲戚朋友，超级受欢迎哟！

做法

1. 准备好 460 克小奇福饼干、360 克棉花糖。

2. 在大碗中准备好 95 克奶粉、5 克抹茶粉，在小碗中准备好 20 克奶粉、3 克抹茶粉。

3. 准备好 140 克综合干果、60 克冻干草莓。

4. 在不粘平底锅中放入 120 克无盐黄油。

5. 小火加热，至黄油熔化。

6. 立即加入棉花糖。

7. 一直保持小火，边加热边搅动，至棉花糖完全熔化。

8. 倒入大碗中的奶粉和抹茶粉。

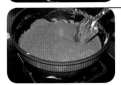

9. 充分搅匀后关火。

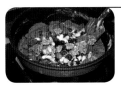

10. 把综合干果和冻干草莓倒入锅中。

11. 再把小奇福饼干倒入锅中。

12. 翻拌基本均匀。

13. 倒入铺好油布的 28 厘米 ×28 厘米烤盘中，手上戴手套，按压平整。

14. 在表面盖一张油纸，用擀面杖再擀压更平整一些，入冰箱冷藏 1 小时至完全凉透。

15. 两面筛上小碗中的粉类后，切块即可食用。

二狗妈妈碎碎念

1.饼干选用硬一些的，不要选用酥性饼干，否则擀压的时候容易碎掉，现在很多品牌都有"雪花酥专用饼干"，可以网购。

2.所有原材料一定要提前准备好。火力一直是小火，切不可火力过大。

3.综合干果和冻干草莓可以用任何您喜欢的果干、干果替换，总重量是200克即可。

4.趁热擀压平整，凉透再切块，我切了100块，个人觉得大小正合适，如果您喜欢更大一些的，可以按自己的喜好来切。

5.表面装饰用的粉类也可以只用奶粉。

6.如果喜欢颜色更深一些，可以把各种果蔬粉增加至10克，不建议再增加了，颜色太深不好看哟。

木糠杯

做法超级简单，口感却非常美味。木糠杯，您一定要做几个给家人尝尝……

原料

消化饼干200克
淡奶油300克
炼乳30克

○ **数量:**
3~4盒（杯）

6. 取一个自己喜欢的杯子
或盒子，底部先铺一层饼干
屑。

7. 再挤入一层淡奶油。

8. 依次交替着把容器装满，
最上层一定是饼干屑，冰箱
冷藏至少4小时后食用。

 做法

1. 准备好200克消化饼干。

2. 把消化饼干放在大的保鲜
袋里，擀得又细又碎。

3. 放在碗中备用。

4. 300克淡奶油倒入盆中，
加入30克炼乳打发至有纹
路可流动的状态。

5. 装入裱花袋备用。

⊃二狗妈妈碎碎念⊂

1.木糠杯的容器非常灵活，有啥咱用啥，最
好是透明的，葡萄酒杯、玻璃小碗都可以。
我用的是容量420毫升的盒子做了两个，小
葡萄酒杯做了一个。

2.消化饼干可以用奥利奥饼干替换，口感也
非常好。

3.淡奶油一定不要打发得过于浓稠，打发至
稠酸奶的状态就可以了。

4.冷藏后再食用，口感更好。

巧克力派

童年时候的好丽友派，我们也来复制一下，虽然没有人家的好看，但味道真的不输哟!

原料

鸡蛋2个
玉米油15克
牛奶30克
低筋粉35克
糖10克
棉花糖8块
黑巧克力300克

做法

6. 蛋清盆中加入 10 克糖打发，至提起打蛋器，打蛋器头上有个短而尖的小角。

7. 挖一大勺蛋清到蛋黄盆中。

8. 翻拌均匀后倒入蛋清盆中。

1. 在一张边长为 28 厘米的正方形白纸上画上 16 个直径约 5 厘米的圆形印记。

9. 翻拌均匀后装入裱花袋。

2. 把画有印记的白纸铺在边长为 28 厘米的正方形烤盘上，上面再铺一张油布，备用。

10. 按画好的印记挤在铺好油布的烤盘上，大小要均匀一些。

3. 2 个鸡蛋分开蛋清蛋黄，蛋清盆中一定无油无水。

11. 送入预热好的烤箱，中层，上下火，180℃ 12 分钟。

4. 蛋黄盆中加入 15 克玉米油搅匀，再加入 30 克牛奶。

12. 出炉后揪着油布把小蛋糕移在案板上。

5. 搅匀后筛入 35 克低筋粉，搅匀备用。

13. 取 8 个小蛋糕片，反面朝上，码放在烤盘上，每个蛋糕片上放一个原味棉花糖。

14. 再次送入烤箱，中层，上下火，180℃ 4 分钟。

15. 出炉后趁热把另外 8 个小蛋糕片盖在棉花糖上，稍按，备用。

16. 300 克黑巧克力放入盆中，隔热水熔化。

17. 把凉网放在铺好油纸的烤盘上，把夹好棉花糖的蛋糕放在凉网上，把熔化的巧克力装进裱花袋中。先把一半蛋糕挤满巧克力，入冰箱冷藏至巧克力凝固后，再翻面把另外一半蛋糕挤满巧克力，再次入冰箱冷藏至巧克力凝固就可以了。

二狗妈妈**碎碎念**

1.提前在油布下面垫着画好印记的纸，是为了挤出来的小蛋糕片能够大小一致，如果您的技术好的话，可以省略这一步。

2.因为棉花糖和巧克力都有甜度，所以我在蛋糕部分只放了10克糖，也可以省略不放。

3.黑巧克力熔化后，如何把巧克力均匀地裹在蛋糕上，大家可以想更好的办法，我试过把蛋糕直接放进巧克力盆中，裹满后取出，但裹得不太均匀。

脏脏蛋挞

我发现，美食只要"脏"起来，就一定会成为网红，不信您数数，脏脏包、脏脏蛋糕、脏脏蛋糕卷、脏脏奶茶……这不，脏脏蛋挞也来啦！入口超满足，真的超好吃哟！听说还有脏脏月饼、脏脏雪媚娘……算了吧，我还是挑些经典的"脏美食"收录在这里吧！

脏脏蛋挞

原料 🍳

○水油皮面团：
水90克
无盐黄油30克
中筋粉180克
糖10克
裹入用无盐黄油
100克

○蛋挞液：
鸡蛋2个
糖50克
（喜甜可增加用量）
牛奶100克
淡奶油100克
（没有可用牛奶替换）

低筋粉20克
蛋挞液里面放入的
黑巧克力适量

○巧克力甘那许：
淡奶油80克
黑巧克力80克

○表面装饰：
可可粉适量

 做法

 **1.** 将 90 克水、30 克无盐黄油、180 克中筋粉、10 克糖放入面包机内桶。

 **2.** 放入面包机，启动和面程序，定时 20 分钟，这是水油皮面团，用保鲜袋包好入冰箱冷冻 30 分钟。

 **3.** 100 克无盐黄油室温软化后装入小号保鲜袋，擀成约 14 厘米 ×8 厘米长方形片，入冰箱冷藏约 20 分钟。

 **4.** 把冷冻好的水油皮擀成比黄油片高一些、比黄油片宽两倍的长方形薄片。

 **5.** 把黄油片的保鲜袋去除后放在水油皮面片中间。

 **6.** 把水油皮面片往中间对折，上下捏紧接口处。

 **7.** 旋转 90 度后擀长。

 **8.** 两边的面片往中间对折。

 **9.** 再对折。

 **10.** 旋转 90 度后再擀长。

 **11.** 折三折。

 **12.** 擀成薄片。

 **13.** 卷起来，包好，入冰箱冷冻 30 分钟。

14. 把冷冻好的面柱取出，平均分成16份。

21. 搅拌均匀。

15. 取一个面剂，切口朝上，按扁，稍擀后放在蛋挞模具中，用双手拇指往上推，把蛋挞皮铺满模具。

22. 把液体都过筛。

16. 依次做好16个，码放在烤盘上。

23. 把蛋挞液倒入蛋挞皮中，不要过满哟。

17. 在每一个蛋挞皮中都码放一些黑巧克力。

24. 送入预热好的烤箱，中下层，上下火，200℃ 30分钟（上色后及时加盖锡纸）。

18. 2个鸡蛋打入盆中。

25. 出炉后把蛋挞移到凉网上凉至温热状态。

19. 打散后加入100克淡奶油、100克牛奶、50克糖。

26. 80克黑巧克力和80克淡奶油放在碗中，隔热水熔化，装入裱花袋。

20. 搅匀后筛入20克低筋粉。

27. 把巧克力甘那许那许挤在每一个蛋挞上面，表面筛可可粉就可以啦！

> **二狗妈妈碎碎念**

1.如果没有蛋挞模具，那可以用一个12连杯子蛋糕模具，在第14步时就把面团分成12份，其他做法都一样。

2.黑巧克力要用纯可可脂的，好吃又健康，我用的是可可脂含量70%的黑巧克力，如果您嫌苦，可以用含量50%左右的。

3.趁热吃，蛋挞里面的黑巧克力会爆浆哟！

巧克力
无比派

原料

● 巧克力小圆饼:
黑巧克力60克
淡奶油60克
红糖60克
鸡蛋1个
玉米油20克
低筋粉100克
可可粉20克
无铝泡打粉2克
小苏打1克

● 夹馅:
奶油奶酪120克
糖20克

● 表面装饰:
糖粉或奶粉少许

● 数量:
14个

浓浓的巧克力香气,搭配微酸的奶酪夹心,真心好吃哟!

做法

1. 将 60 克黑巧克力放在盆中，加入 60 克淡奶油、60 克红糖。

2. 隔热水把盆中巧克力、红糖熔化，充分搅匀。

3. 加入 1 个鸡蛋迅速搅匀。

4. 加入 20 克玉米油，搅匀。

5. 搅匀后的状态。

6. 筛入 100 克低筋粉、20 克可可粉、2 克无铝泡打粉、1 克小苏打。

7. 用刮刀拌匀。

8. 装入裱花袋。

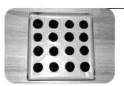

9. 烤盘上铺油纸，把面糊挤在烤盘上，每个小圆饼直径约 3 厘米。

10. 送入预热好的烤箱，中层，上下火，190 ℃ 10 分钟。

11. 出炉后凉透，挑选出两个一样大小的圆饼为一组，备用。

12. 将 120 克奶油奶酪放在盆中，加入 20 克糖，隔热水搅拌至顺滑。

13. 装入裱花袋。

14. 挤在一个小圆饼的背面。

15. 盖上另外一个小圆饼，撒上糖粉或奶粉就好啦。

二狗妈妈碎碎念

1.黑巧克力我用的是可可脂含量为70%的，小圆饼做好后稍有点苦，但搭配上奶酪夹心后，非常好吃。

2.玉米油可以换成等量熔化的无盐黄油。

3.每个小饼挤得大小一致，挤夹馅的时候，边缘挤得厚一些，两片小圆饼一夹，会很好看。

4.表面装饰的糖粉或奶粉可以省略。

布朗尼
软曲奇

布朗尼口感的软曲奇，口感扎实，味道浓郁，刚开始吃的时候并不觉得十分惊艳，但越品越香，不信，您试试！

原料

黑巧克力100克

无盐黄油50克

红糖60克

低筋粉45克

可可粉5克

无铝泡打粉2克

鸡蛋1个

○数量:

16个左右

做法

1. 将100克黑巧克力放在盆中,加入50克无盐黄油、60克红糖。

2. 隔热水熔化,搅匀。

3. 筛入45克低筋粉、5克可可粉、2克无铝泡打粉。

4. 搅匀,面糊比较浓稠是正常状态。

5. 打入1个鸡蛋。

6. 搅匀。

7. 装入裱花袋。

8. 在不粘烤盘上挤出16个直径约3厘米的圆饼。

9. 送入预热好的烤箱,中层,上下火,170℃ 20分钟。

二狗妈妈碎碎念

1.我用的黑巧克力是可可脂含量为66%的,做出来的饼干整体稍苦,如果您不喜欢,可以增加红糖用量。

2.挤的圆饼厚度约1厘米,这样烤出来的才是软心口感,如果想吃酥脆一些的,那就挤薄一些。

3.出炉凉透后,表面可用熔化的巧克力挤出线条装饰,也可以用糖粉装饰。

舒芙蕾松饼

简单快手的一款松饼，松松软软的很好吃呢！

原料

鸡蛋2个
酸奶30克
玉米油10克
低筋粉40克
无铝泡打粉2克
糖20克
食用油少许

○ 数量：
6个

做法

1. 将 30 克酸奶倒入盆中，加入 10 克玉米油。

2. 搅匀后筛入 40 克低筋粉、2 克无铝泡打粉。

3. 充分搅匀。

4. 2 个鸡蛋分开蛋清蛋黄，蛋黄直接打入面糊盆中。

5. 蛋黄与面糊搅匀备用。

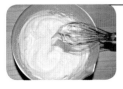

6. 蛋清中加入 20 克糖，用电动打蛋器打发，至提起打蛋器，打蛋器头上有一个长而弯的尖角就可以了。

7. 挖一勺打发好的蛋清到蛋黄糊盆中。

8. 翻拌均匀后倒入蛋清盆。

9. 再翻拌均匀后，装入裱花袋。

10. 不粘平底锅倒少许油，再用餐巾纸抹均匀，小火加热，把蛋糕糊挤入锅中。

11. 盖好锅盖，焖 2 分钟。

12. 翻面，再盖锅盖，焖 2 分钟就可以吃啦。

二狗妈妈碎碎念

1.酸奶可以用20克牛奶替换，无铝泡打粉可以不加。

2.全程一定要用小火，锅底最好厚一些，不然容易上色过深。

3.松饼搭配淡奶油、蜂蜜、果酱都很好吃，我搭配了一些打发好的淡奶油，加了一些水果，您可以按照自己的喜好来搭配。

铜锣烧

您爱吃铜锣烧吗？我会做，您来我家吃呀！

原料

鸡蛋1个
糖20克
牛奶100克
玉米油10克
蜂蜜10克
低筋粉110克
无铝泡打粉2克
红豆馅适量

5. 不粘平底锅小火烧热，舀一勺面糊到锅中。

6. 一直保持小火，等到表面有密集气泡。

7. 翻面，再加热30秒就可以出锅了，依次做完所有面糊。

8. 挑选两个大小一致的面饼，中间夹一层红豆馅，就可以享用啦。

做法

1. 1个鸡蛋打入盆中，加入20克糖、100克牛奶、10克玉米油、10克蜂蜜。

2. 充分搅匀。

3. 筛入110克低筋粉、2克无铝泡打粉。

4. 充分搅匀，盖好静置30分钟。

二狗妈妈碎碎念

1. 一定要用不粘平底锅，火力一定不能太大，如果您已经开的是最小火，但依旧上色过深，那就在烙制的时候，把锅抬起来一些。

2. 无铝泡打粉不可省略。

3. 夹馅可以根据自己的喜好调整，夹好馅后，最好用双手紧捂一会儿，再用保鲜膜包好，静置1小时左右，两个面饼就会比较贴合啦。

小鸡烧果子

 原料

蛋黄2个
淡奶油70克
炼乳70克
低筋粉180克
无铝泡打粉3克
红豆馅300克

好可爱的一群小鸡，你们在一起聊啥呢？能不能告诉我呀？

🍳 做法

1. 2 个蛋黄打入盆中，加入 70 克淡奶油、70 克炼乳。

2. 搅匀后筛入 180 克低筋粉、3 克无铝泡打粉。

3. 戴手套把面团拌至无干粉状态。

4. 用保鲜袋包好面团，放入冰箱冷藏至少 30 分钟。

5. 把 300 克红豆馅分成 25 克一个的小球，共分 12 个。

6. 把冷藏好的面团放在案板上，搓长后分成 12 份。

7. 取一块面团搓圆按扁，中间放一个红豆馅。

8. 左手虎口慢慢往上收，右手拇指往下压住馅，慢慢把馅包好。

9. 揉圆。

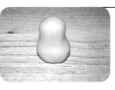

10. 放在案板上，用虎口整理出小鸡的形状。

11. 再捏出小鸡嘴巴。

12. 依次做好 12 个，码放在不粘烤盘上。

13. 送入预热好的烤箱，中下层，上下火，170℃ 20 分钟，上色后及时加盖锡纸。

14. 出炉后凉透，用色素笔画上表情和翅膀就可以了。

二狗妈妈碎碎念

1. 面团比较粘手，所以一开始混合的时候，要戴手套。

2. 冷藏的时间至少30分钟，我经常冷藏1~2小时。

3. 红豆馅可以用您喜欢的任何馅料替换，但每个馅料要控制在25克以内，馅料太大，皮儿会太薄，影响最后的美观。

4. 如果没有色素笔，可以用熔化的巧克力画，但效果不是非常好。

5. 用这款烧果子的面团，您还可以做其他造型。小猫、小猪、小兔子都是比较常见的烧果子造型。

岩烧
乳酪吐司

咬一口，浓浓的甜蜜味道。看来，每一款网红美食，都有它红的道理哟！

原料

无盐黄油40克
糖15克
炼乳15克
淡奶油60克
牛奶20克
芝士片3片
杏仁片少许
吐司片4片

做法

1. 40克无盐黄油放入不粘锅，加入15克糖、15克炼乳、60克淡奶油、20克牛奶。

2. 再加入3片芝士片。

3. 小火加热至无盐黄油和芝士片熔化，搅匀后关火。

4. 过筛后盖好，入冰箱冷藏约30分钟至浓稠。

5. 烤盘上铺油纸，放4片吐司片。

6. 把冷藏好的乳酪糊厚厚地抹在吐司片上。

7. 表面撒一些杏仁片。

8. 送入预热好的烤箱，中层，上下火，200℃10分钟左右。

二狗妈妈碎碎念

1.炼乳可以用等量蜂蜜替换。

2.乳酪糊一定要冷藏至浓稠后再往吐司片上抹，不然液体太稀，会渗入吐司片中，烤不出来焦斑。

3.吐司片最好选用厚一些的，效果更好，如果不愿意自己做吐司，买市售的就可以。

　　咱们中式美食太丰富了，做这个章节的时候，我真的不知道该把哪款收录进来，我把之前的书《中式面食》《美味小吃》都翻了又翻，决定尽量不重复之前书里有过的内容，但因"凉皮""绿豆糕"热度一直未减，所以还是把它们收录了进来……

　　本章节共收录了22款大家非常熟悉的中式美食，其中我特意把"加油"馒头放在了本书的最后。在"新冠"疫情期间，我作为美食达人，如何为祖国为武汉加油，一是积极尽自己力量捐款，二就是用美食来表达自己的一腔爱国心，用这款"加油"馒头给自己这本书压轴，饱含自己对祖国浓浓的爱，祝愿我们的祖国越来越好！给自己的14亿同胞加油！

第 4 部分

爆款中式美食

蛋黄酥

每逢春节、中秋节，朋友圈的私房烘焙小仙女们就会刷屏，刷屏的主要内容一定有蛋黄酥，可见大家对蛋黄酥的偏爱程度。曾经有一位亲亲告诉我说，她用我的方子，每天就做100个蛋黄酥，每周就开工三四天，一个月下来，不仅孩子的奶粉钱赚了出来，还有了一些零花钱，这种感觉简直不要太好！

🔲 原料

○ 水油皮面团：
水75克
猪油50克
中筋粉170克
糖20克

咸蛋黄16颗
白酒适量

○ 表面装饰：
蛋黄液、黑芝麻

○ 油酥面团：
低筋粉120克
猪油65克

○ 数量：
16个

○ 馅：
红豆馅约300克

👨‍🍳 做法

1. 将 75 克水、50 克猪油、170 克中筋粉、20 克糖放入面包机内桶。

2. 放入面包机，启动和面程序，定时 20 分钟，这是水油皮面团，盖好静置 20 分钟。

3. 取一个大碗，放入 120 克低筋粉、65 克猪油，抓匀备用，这是油酥面团。

4. 在揉面团的时候，把 16 颗咸蛋黄喷白酒后放入预热好的烤箱，100℃ 10 分钟。

5. 蛋黄凉透后，取一颗蛋黄，再取一点红豆馅，一共重量是 30 克。

6. 用红豆馅把蛋黄包住。

7. 把所有的馅料准备好。

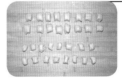

8. 把水油皮面团和油酥面团分别分成 16 份。

9. 取一块水油皮面团按扁，包入一个油酥面团。

10. 用虎口慢慢把水油皮往上收，包住油酥面团，捏紧收口。

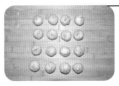

11. 依次把 16 份都包好。

12. 取一个面团，收口朝上，擀长，卷起来，依次做好 16 个。

 13. 取一个面团，收口朝上，再次擀长，卷起来，依次做好16个。

 18. 在每个蛋黄酥生坯表面刷两遍蛋黄液，点缀一些黑芝麻。

 14. 取一个面团，收口朝上，中间压下去，把两端往中间收，按扁后擀圆。

 19. 送入预热好的烤箱，中下层，上下火，180℃ 30分钟，上色后及时加盖锡纸。

 15. 包入一颗蛋黄馅，用虎口往上收，慢慢把馅包进去。

 16. 把收口捏紧。

 17. 把收口朝下，整理成圆形后，码放在不粘烤盘上。

二狗妈妈碎碎念

1. 建议购买品质较好的咸蛋黄或者新鲜的生咸鸭蛋，把蛋黄磕出来后使用。
2. 猪油可以用等量无盐黄油替换，如果想用植物油替换，那水油皮和油酥中油的用量分别减少10克左右。
3. 注意面团随时用保鲜膜覆盖，以免面团风干，不易操作。
4. 每一次擀卷时，要用擀面杖轻推开，而不要使劲压实擀，那样会造成混酥现象，影响口感哟。

佛手酥

这款佛手酥，应该不算是网红食品，但因为我发布做法后，在微博上收到了很多亲亲交来的作业。大家都说很像双击666的造型，寓意很好，过节送给亲朋好友这个酥点，非常讨喜，所以我就把这款美食也收录进本书里啦……希望大家都"666"顺顺顺！

原料

○ 水油皮面团：
水80克
无盐黄油40克
中筋粉160克
奶粉10克
糖15克

○ 油酥面团：
低筋粉120克
无盐黄油70克

○ 馅：
红豆馅400克

○ 表面装饰：
蛋黄液适量

○ 数量：
16个

做法

1. 将80克水、40克无盐黄油、160克中筋粉、15克糖、10克奶粉放入面包机内桶。

7. 用虎口慢慢把水油皮往上收，包住油酥面团，捏紧收口。

2. 放入面包机，启动和面程序，定时20分钟，这是水油皮面团，盖好静置20分钟。

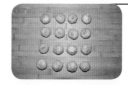

8. 依次把16份都包好。

3. 取一个大碗，放入120克低筋粉、70克无盐黄油，抓匀备用，这是油酥面团。

9. 取一个面团，收口朝上，擀长，卷起来，依次做好16个。

4. 400克红豆馅分成25克一个的小球，共分成16个，备用。

10. 取一个面团，收口朝上，再次擀长，卷起来，依次做好16个。

5. 把水油皮面团和油酥面团分别分成16份。

11. 取一个面团，收口朝上，中间压下去，把两端往中间收，按扁后擀圆。

6. 取一块水油皮面团按扁，包入一个油酥面团。

12. 包入一个红豆馅，用虎口往上收，慢慢把馅包进去。

13. 把收口捏紧。

18. 表面刷蛋黄液。

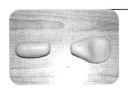

14. 把收口朝下，搓成长约6厘米的椭圆形，用手掌把一半面团压扁。

19. 送入预热好的烤箱，中下层，上下火，180℃ 30分钟，上色后及时加盖锡纸。

15. 用刀把压扁的部分切7~9刀，然后两边各留出一条后，把中间所有的面条顶端都捏在一起。

16. 把捏住的面条向下翻折，一个佛手酥的生坯就做好了。

17. 依次做好16个，码放在不粘烤盘上。

二狗妈妈**碎碎念**

1.无盐黄油可以用等量猪油换，如果想用植物油替换，那水油皮和油酥中油的用量分别减少10克左右。

2.注意面团随时用保鲜膜覆盖，以免风干，不易操作。

3.包好的面团一定要捏紧收口后再整理成椭圆形，用刀切面条时，最好能够稍细一些，效果更好看。

4.红豆馅可以用枣泥馅替换，不建议用颜色比较浅的馅替换，因为颜色和面皮相近，做出来的效果不好看。

贵妃糕

贵妃糕也叫烤年糕，做法超级简单，而且绝对是零失败，您可以根据自己的喜好变换果料，怎么变化都非常好吃哟！

原料

糯米粉500克

糖60克

牛奶500克

鸡蛋3个

玉米油80克

炼乳50克

红枣肉130克

熟核桃仁100克

做法

1. 准备好 130 克红枣肉，剪成小块备用，再准备好 100 克熟核桃仁备用。

2. 28 厘米 ×28 厘米正方形烤盘铺油布备用。

3. 将 500 克糯米粉放在盆中，加入 60 克糖混合均匀。

4. 加入 500 克牛奶稍搅。

5. 再加入 3 个鸡蛋、80 克玉米油、50 克炼乳。

6. 搅匀。

7. 过筛，这一步有一点慢，一定要完成。

8. 在烤盘中倒入 1/3 的面糊，倾斜烤盘，让面糊均匀铺满烤盘。

9. 送入预热好的烤箱，中下层，上下火，170℃ 10 分钟。

10. 出炉后把红枣肉和核桃仁铺满表面。

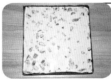

11. 再把所有的面糊都倒入烤盘，尽量铺平。

12. 再次送入预热好的烤箱，中下层，上下火，170℃ 20分钟，出炉凉透后再切块食用。

二狗妈妈碎碎念

1.红枣肉和核桃仁可以换成您喜欢的任何干果或果干，总重量在230~250克之间都可以。糖可以换成等量红糖。

2.糯米面糊先倒入1/3到烤盘中烘烤，是为了让仁不沉底，您如果嫌麻烦，也可以把所有糯米面糊倒入烤盘，把所有果料铺在面糊表面后，用刮刀把果料按压进面糊中，然后入炉烘烤30分钟即可。

3.烤好的贵妃糕表面轻微开裂是正常的，出炉一定要凉透再用锋利的刀切块，常温保存，两天吃完。也可以冷冻保存，解冻后上锅煎软再食用。

虎皮饽饽

原料

● 紫薯芝士馅：
蒸熟的紫薯360克
蜂蜜20克
淡奶油20克
无盐黄油20克
马苏里拉奶酪丝适量

● 面团：
鸡蛋1个
无盐黄油45克
糖30克
淡奶油40克
低筋粉150克
玉米淀粉50克
油少许

● 数量：
12个

虎皮饽饽，也叫仙豆糕，是一款传统美食，不知为何，突然间成了网红食品，一时间，大街小巷很多点心铺子、甜品店都在售卖。究其原因，是因为有了创新，不少店铺都推出了这种有着拉丝口感的虎皮饽饽，在传统的美食中加入一点现代元素，让这款美食又焕发了活力。如果您不喜欢芝士，那包入自己喜欢的各种馅就可以啦。

做法

1. 取 360 克蒸熟的紫薯放在盆中，趁热加入 20 克蜂蜜、20 克淡奶油、20 克无盐黄油。

2. 不太烫手时戴手套抓匀。

3. 平均分成 12 份，搓成圆球。

4. 取一个紫薯球，用手指在中间按一个坑，在坑里面填入少许马苏里拉奶酪丝。

5. 用紫薯泥把马苏里拉奶酪丝包起来，搓圆备用，依次做好 12 个。

6. 1 个鸡蛋打入盆中，加入 45 克熔化的无盐黄油。

7. 充分搅匀后，加入 30 克糖、40 克淡奶油。

8. 搅匀后筛入 150 克低筋粉、50 克玉米淀粉。

9. 用刮刀按压成团，盖好静置 20 分钟。

10. 把静置好的面团放在案板上搓长，分成 12 份。

11. 取一块面团按扁，擀开，用刮板从案板上铲起来。

12. 包入一个紫薯馅，用虎口慢慢往上收紧。

13. 把收口收紧后搓圆。

14. 依次包好 12 个后，整理成立体的正方形。

15. 平底锅刷少许油，把虎皮饽饽生坯码在锅中。

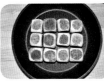

16. 中小火加热，把每个生坯的每一面都烙至金黄。

二狗妈妈碎碎念

1. 紫薯馅可以换成您喜欢的任何馅，马苏里拉奶酪丝也可以不放。

2. 这款美食的难点就是手工整成正方体。我是在案板上轻摔出来的，先摔出一个平面后，顺时针再去摔第二、三、四面，这样先整理成一个四方形的柱子，再把柱子的两端摔成平面，就可以成为正方体啦。

3. 平底锅里的油不能过多，薄薄刷一层即可，烙制的时候请注意，统一翻面，这样色泽会比较均匀。

鸡蛋汉堡

 原料

● 面糊：
中筋粉350克
盐4克
五香粉2克
水530克

● 夹馅：
鸡蛋6个
猪肉馅100克
生抽5克
白胡椒粉少许
香油2克
蚝油5克
香葱碎10克

● 数量：
6个

这款美食，是我先生发现并全程指导我做出来的，他鄙视地说这么火的美食我竟然不知道！噢买嘎，我不知道的美食多了去了，我又不是仙女，我不仅不知道，还没吃过呢！

做法

鸡蛋汉堡

1. 将 350 克中筋粉放入盆中，加入 4 克盐、2 克五香粉。

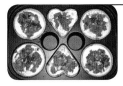

10. 把肉馅抹在鸡蛋上面，撒一点香葱碎，盖好锅盖。

2. 加入 530 克水搅匀备用。

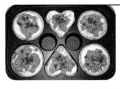

11. 焖至肉变色。

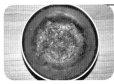

3. 将 100 克猪肉馅放入盆中，加入 5 克生抽、少许白胡椒粉、2 克香油、5 克蚝油抓匀备用。

12. 把鸡蛋肉饼盛出备用。

4. 准备 10 克香葱碎备用。

13. 在每个凹槽中刷油，然后倒入面糊，面糊位置大概在凹槽的一半。

5. 多功能锅插上电源，放上专用盘，刷油，保持中高火状态。

14. 把之前煎好的鸡蛋肉饼倒扣在每个凹槽上，稍按压，煎至表面金黄即可出锅。

6. 先在每个凹槽中打入一个鸡蛋，把蛋黄稍搅散。

7. 一面凝固后翻面再煎另一面，煎好鸡蛋后盛出备用。

二狗妈妈碎碎念

1.这款鸡蛋汉堡必须用模具才能做出来，您可以像我一样用多功能锅，也可以买专用模具放在灶火上操作，个人觉得在灶火上做的颜色更好看。

2.先把鸡蛋煎成型，再和面糊黏合，这样比较好操作。

3.肉馅可以按自己口味进行调整，也可以在鸡蛋和肉馅中间放一片芝士片，还可以在肉馅上撒一些咸菜碎。

4.出炉后，可以搭配自己喜欢的酱，味道会更好。

8. 在每个凹槽中刷油，然后倒入面糊，面糊位置大概在凹槽的一半。

9. 把煎好的鸡蛋放在面糊上，稍按压，让鸡蛋和面糊充分粘住。

绿豆糕

绿豆糕的人气一直特别高，以至于我的《二狗妈妈的小厨房之美味小吃》里已经收录了它，但考虑到咱们这本书人气比较高的美食，我又把它请到了这本书里，还希望大家不会因为它的重复出现而不喜欢它哟！

原料

脱皮绿豆300克
无盐黄油100克
糖60克
麦芽糖30克

做法

1. 300 克脱皮绿豆用水浸泡 5 小时。

2. 蒸锅铺屉布，把泡好的绿豆铺在屉布上。

3. 蒸锅放足冷水，把绿豆放入蒸锅，大火烧开转中火，蒸足 40 分钟，一直到用手轻易碾碎。

4. 趁热把绿豆过筛。

5. 大火烧热炒锅，把 100 克无盐黄油放入锅中熔化。

6. 把绿豆泥放入锅中翻炒均匀。

7. 加入 60 克糖、30 克麦芽糖。

8. 中小火炒至糖完全熔化，并且不粘手、不粘锅，抱团的状态就可以关火了。

9. 凉至不烫手的时候，分成 50 克一个的球。

10. 取一个绿豆泥球，放入 50 克的绿豆糕模具中。

11. 压制成型，放冰箱冷藏 2 小时后食用。

◁二狗妈妈碎碎念▷

1.脱皮绿豆网购即可。

2.过筛比较耗时费力，如果想要一点颗粒口感的话，可以不过筛，趁热压碎即可。

3.也可以炒制好后，加入一些切碎的蔓越莓干，口感会更丰富哟。

4.麦芽糖如果没有，也可以不放。白糖用量稍增加即可。但放了麦芽糖，口感更好。

5.冰箱冷藏后口感更好。

牛奶酥脆
小油条

原料

牛奶160克
鸡蛋1个
植物油20克
酵母3克
中筋粉300克
盐3克
小苏打2克
香葱碎20克
食用油适量

● 数量:
约10个

不知道咋了, 全网开始流行做凉皮、炸油条、电饭锅做蛋糕, 我思索再三, 既然这么流行, 那就把凉皮和油条也收录进这本书吧。电饭锅做蛋糕, 我试了, 不太好做, 所以没有收录进来……这款小油条和我之前的《二狗妈妈的小厨房之中式面食》中的油条做法还是有不一样的地方的, 看您喜欢哪一款哈……

做法

1. 将 160 克牛奶倒入盆中，加入 1 个鸡蛋、20 克植物油、3 克酵母。

2. 搅匀后加入 300 克中筋粉、3 克盐、2 克小苏打。喜欢吃香葱味的，在这步可以加入 20 克香葱碎。

3. 揉成光滑的面团。

4. 把面团装进保鲜袋，室温发酵约 2 小时或冰箱冷藏发酵约 8 小时。

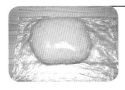

5. 发酵好的面团明显变胖，并且充满气泡。

6. 案板上撒面粉，把保鲜袋中的面团倒在面粉上，不要揉，表面也撒一些面粉。

7. 轻轻擀成厚约 1 厘米的面片。

8. 切成宽约 2 厘米、长约 8 厘米的面片。

9. 把两个面片叠放在一起。

10. 中间用筷子压一下。

11. 两端捏紧，一个油条生坯就做好了。

12. 全部做好后，盖好，静置 15 分钟。

13. 大火烧热油锅，转中火，油温五成热下入油条生坯。

14. 炸至两面金黄就可以出锅啦。

◁二狗妈妈碎碎念▷

1. 我还做了香葱口味的，就是在步骤 2 的时候加入 20 克香葱碎，揉成面团，其他步骤都一样，口感也很好。

2. 如果想要膨发得更大一些，可以在步骤 2 加入 3 克无铝泡打粉。

3. 小苏打是酥脆的关键，不建议省略。

4. 炸油条的时候火力不能太低，保持中火即可，不然会影响面团的膨发。

牛奶酥脆小油条

小猪汤圆

萌到不能呼吸、无法下口去吃的卡通汤圆风靡朋友圈，做出来送给朋友或是哄自家宝宝都可以，保证他们会喜欢！

🎛 原料

○ 澄面团:
澄面40克
开水40克

澄面团全部
红曲粉少许
竹炭粉少许

○ 主面团:
黄油10克
糯米粉130克
开水60克
冷水50克

○ 馅料:
160克

○ 数量:
16个

6. 充分揉匀。

7. 切下来一块 30 克面团和一块 3 克面团,分别加入少许红曲粉和竹炭粉。

8. 分别揉匀。

👨‍🍳 做法

1. 将 40 克澄面放入碗中,加入 40 克开水迅速搅匀,放在一边备用。

9. 把白色面团搓长,分成 16 份,盖好备用。

2. 另取一个盆,将 130 克糯米粉放入盆中,加入 60 克开水迅速搅匀,再加入 50 克冷水搅匀。

10. 准备好 16 份您喜欢的馅料,每个重 10 克。

3. 把澄面团放入盆中。

11. 取一个白色面团,按扁,包入一颗馅料,用虎口慢慢收紧。

4. 戴上硅胶手套,揉匀。

12. 搓圆。

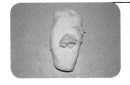

5. 把面团放在硅胶垫子上,加入 10 克黄油。

13. 依次做好 16 个,盖好备用。

14. 粉色面团搓长，分成 16 份。

20. 开水上锅蒸 3 分钟就关火出锅，凉透后包起来冷冻保存即可。

15. 取一块粉色面团，分成 3 份后，1 份揉圆，2 份揉圆按扁。

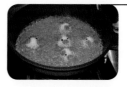

21. 吃的时候开水煮 3~5 分钟就可以啦。

16. 两个粉色圆片粘在白色汤圆生坯的上方两边做小猪耳朵。粉色圆面团粘在中间位置做鼻子，用牙签蘸水后戳出鼻孔。

17. 揪黑色面团做出眼睛。

19. 把每个小猪汤圆都垫油纸放在蒸屉里。

二狗妈妈碎碎念

1.用澄面团是为了做好的汤圆有一点晶莹透明的感觉，口感会绵软一些。

2.先蒸后冷冻保存，这样处理的汤圆不易开裂。

3.用此种方法可以做您想做的任何卡通汤圆，可以参考我的另一本书《二狗妈妈的小厨房之卡通馒头》的整形方法。

4.馅料可以用您喜欢的任意馅料。

凉皮

全网都在做凉皮，那这本书一定要有凉皮的身影，虽然它曾经在我的《二狗妈妈的小厨房之美味小吃》中出现过，但我还是把它请到本书里来再亮一次相，因为它真的在 2020 年的春天太火了！

凉
皮

原料

水200克
盐1克
中筋粉400克
黄瓜丝30克
胡萝卜丝30克
酵母1克

○拌汁：
蒜末6克
生抽10克
醋10克
糖2克
饮用水40克
盐2克

花椒油2克
辣椒油15克
花生碎15克

○数量：
2人份

做法

1. 将200克水倒入盆中，加入1克盐，搅匀后加入400克中筋粉揉成面团。

7. 把大盆中的水静置5小时。

2. 盖好静置至少1小时。

8. 5小时后的样子。

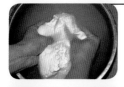

3. 取一个大盆，里面倒入冷水，把面团放入盆中搓洗。

9. 在静置水的同时，把洗好的面筋放入碗中，加入1克酵母揉搓均匀，盖好静置1小时。

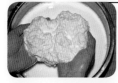

4. 水变成非常浓稠的白色后，此时的面团变小，面筋比较散。

10. 把面筋放在抹好油的盘中，上蒸锅蒸制20分钟。

5. 再取一个盆，倒入冷水，把面团移至这个盆中继续搓洗，一直到面筋非常抱团。

11. 蒸制好的面筋凉透后切块备用。

6. 把所有洗过面团的水过筛到一个大盆中。

12. 把静置好的水表面上的清水撇干净，清水弃之，只留白色的淀粉水。

13. 把淀粉水搅匀。

18. 把凉皮揭下来。

14. 8英寸披萨盘抹油后，倒入淀粉水。

19. 依次把所有淀粉水蒸制成凉皮，每一张都刷熟油防粘。

15. 炒锅中放水烧开，在锅中央放一个小碗，把披萨盘放在小碗上，盖好锅盖，大火蒸足1分钟。

20. 300克凉皮切成条放在碗中，加入30克黄瓜丝、30克胡萝卜丝、30克面筋块。

16. 表面起大泡就可以了。

21. 调制拌汁：蒜末6克、生抽10克、醋10克、糖2克、饮用水40克、盐2克、花椒油2克。

17. 迅速把披萨盘放在冷水中。

22. 把拌汁倒在凉皮上，加入15克熟花生碎、15克辣椒油，拌匀就可以吃啦。

二狗妈妈碎碎念

1.我喜欢吃稍微软一些的凉皮，所以在搋水时没有搋得十分干净，如果您喜欢吃硬一些的，可以把水搋得干净一些。

2.拌凉皮用的材料可以根据个人喜好来做，不一定要和我的一样。

3.如果嫌洗面筋的凉皮太麻烦，有不洗面筋的方法：130克玉米淀粉、130克中筋粉、360克水搅成面糊，静置10分钟后蒸制，蒸制方法和洗面筋的凉皮是一样的。如果把360克水换成菠菜汁、火龙果汁、胡萝卜汁，就变成了彩色凉皮略。

4.在我老家还有一种卷凉皮的吃法：把胡萝卜碎、面筋碎、花生碎放在盆中，加入盐、生抽、醋、香油、辣椒油拌匀，用凉皮包起来，很好吃的。

5.本方子能做8英寸披萨盘大小的凉皮12张，大概是三大碗的量，请用保鲜膜包好，室温储存，24小时吃完。不可以放冰箱冷藏哟，不然凉皮会变硬易断裂。

糯米馅
老婆饼

糯米馅老婆饼，酥酥的外皮加糯糯的内馅，真的非常好吃呢！

原料

○ 水油皮面团：
水75克
无盐黄油50克
中筋粉170克
糖20克

水160克
糖50克
糯米粉100克
熟白芝麻15克
蔓越莓干30克

○ 油酥面团：
低筋粉150克
无盐黄油80克

○ 表面装饰：
蛋黄液、白芝麻

○ 数量：
16个

○ 糯米馅：
无盐黄油40克

5. 把熟糯米粉立即倒入锅中，搅匀后关火。

6. 把蔓越莓干倒入锅中，翻拌均匀。

7. 把糯米馅放在硅胶垫上，稍凉后分成16份备用。

8. 将75克水、50克无盐黄油、170克中筋粉、20克糖放入面包机内桶。

做法

1. 30克蔓越莓干切碎备用。

9. 放入面包机，启动和面程序，定时20分钟，这是水油皮面团，盖好静置20分钟。

2. 100克糯米粉炒熟备用，再准备好15克熟白芝麻。

10. 取一个大碗，放入150克低筋粉、80克无盐黄油，抓匀备用，这是油酥面团。

3. 将40克无盐黄油放入不粘平底锅中，加入160克水、50克糖。

11. 把水油皮面团和油酥面团分别分成16份。

4. 小火加热不粘平底锅，至锅中液体沸腾。

12. 取一块水油皮面团按扁，包入一个油酥面团。

13. 用虎口慢慢把水油皮往上收，包住油酥面团，捏紧收口。

19. 用虎口慢慢往上收，包住馅料。

14. 依次把 16 份都包好。

20. 把收口捏紧。

15. 取一个面团，收口朝上，擀长，卷起来，依次做好 16 个。

21. 码放在不粘烤盘上，稍按扁。

16. 取一个面团，收口朝上，再次擀长，卷起来，依次做好 16 个。

22. 表面刷蛋黄液。

17. 取一个面团，收口朝上，中间压下去，把两端往中间收，按扁后擀圆。

23. 用锋利刀片在每个老婆饼上划三刀，然后撒白芝麻。

18. 取一份糯米馅放在面片中间。

24. 送入预热好的烤箱，中下层，上下火，180℃ 25 分钟，上色后及时加盖锡纸。

二狗妈妈碎碎念

1.糯米粉一定要炒熟，这样烘烤的时候不容易爆。蔓越莓干可以不放，也可以用葡萄干替换。

2.水油皮面团和油酥面团中的无盐黄油可以用等量猪油替换，如果想用植物油替换，那水油皮和油酥中油量分别减少10克左右。馅中的无盐黄油可以用等量猪油替换，但不建议用植物油替换，炒好的馅不香。

3.注意面团随时用保鲜膜覆盖，以免面团被风干，不好操作。

4.每一次擀卷时，要用擀面杖轻推开，而不要使劲压实擀，那样会造成混酥现象，影响口感哟。

螃蟹月饼

　　我记得是 2018 年吧，朋友圈里被这款螃蟹月饼刷屏，当时去看这款模具，我的个乖乖，只有几家有卖，而且贵得吓人，要好几百块！我看了看模具，想了想我一年也做不了几次月饼，就选择了放弃。2019 年，很多厂商相继推出了螃蟹月饼模具，我果断下单，花了 21 块钱，买回家了这款模具。一想到我的模具比当年便宜了好多好多，心里就特别美。

原料

○ 月饼皮:
转化糖浆150克
花生油50克
枧水5克
中筋粉200克
奶粉10克

○ 莲蓉蛋黄馅:
莲蓉馅约280克
咸蛋黄10颗

○ 红豆蛋黄馅:
红豆馅约280克
咸蛋黄10颗

○ 蛋黄水:
蛋黄1个
水20克

○ 数量:
20个

做法

1. 将 150 克转化糖浆倒入盆中，加入 50 克花生油、5 克枧水。

6. 用手把莲蓉馅（或红豆馅）揉圆按扁，把蛋黄放在馅的中间，然后用虎口把馅包起来。

2. 搅匀后加入 200 克中筋粉、10 克奶粉。

7. 依次把蛋黄都包进红豆馅或莲蓉馅中，备用。

3. 用刮刀拌成面团，盖好，放冰箱冷藏 2 小时。

8. 把静置好的月饼皮面团分成 20 克一个的小面团，共分了 20 个。

4. 20 个咸蛋黄在白酒中滚一圈后，码放在不粘烤盘上，送入预热好的烤箱，中下层，上下火，100℃ 9 分钟。

9. 将一个小面团放在保鲜袋一侧，保鲜袋翻折过来，把它擀薄。

5. 把 1 个咸蛋黄放在电子秤上，加上红豆馅（或莲蓉馅），一共 40 克。

10. 打开保鲜袋。

11. 把馅放在皮上，用保鲜袋往上提，包住馅，然后去除保鲜袋。

15. 依次做好 20 个月饼生坯，码放在不粘烤盘上。

12. 把收口收紧后，搓圆，在生面粉中滚一圈。

16. 送入预热好的烤箱，中下层，上下火，200℃ 5 分钟。

13. 放入 63 克螃蟹月饼模具中。

17. 刷子蘸蛋黄水（1 个蛋黄 +20 克水）薄薄地刷在月饼表面凸起的地方。

14. 按压后脱模。

18. 再送入预热好的烤箱，中下层，上下火，200℃ 13 分钟，上色后及时加盖锡纸。

◁ 二狗妈妈碎碎念 ▷

1.我用的是市售莲蓉馅和市售红豆馅，也可以自制，但自制的月饼馅保质期很短，回油后要放在冰箱里冷藏，最好3天内吃完。

2.如果买的咸蛋黄非常干硬，那最好提前用玉米油泡足8小时后再裹酒烘烤。如果您买的是品质比较好的咸蛋黄或新鲜咸鸭蛋现磕的咸蛋黄，那就直接裹酒烘烤即可。

3.转化糖浆、枧水是广式月饼的重要原料，请不要替换。

4.为了好计算，我没有做满模，只做了60克，皮、馅比例大概是3：7，正好做了20个。螃蟹月饼的皮不要太薄，不然印花后透出馅不太好看。

5.做好的月饼，凉透后包好，室温回油1天后（此款月饼只需回油1天就已经很好了），饼皮变软再吃会更好吃哟。

千层小麻花

 原料

● 水油皮面团:
水80克
玉米油10克
中筋粉150克
糖15克

● 油酥面团:
低筋粉100克
猪油60克

● 表面装饰:
糖粉或奶粉

● 数量:
15~18个

层层分明,口口酥脆 千层麻花为何热卖?因为好吃啊!好吃才是美食可以热卖的王道!

做法

1. 将 80 克水、10 克玉米油、150 克中筋粉、15 克糖放入面包机内桶。

2. 放入面包机，启动和面程序，定时 20 分钟，这是水油皮面团，盖好静置 20 分钟。

3. 取一个大碗，放入 100 克低筋粉、60 克猪油，抓匀备用，这是油酥面团。

4. 把水油皮按扁稍擀，中间放入油酥面团。

5. 用水油皮面团把油酥面团包起来，捏紧收口。

6. 按扁后擀长（约 30 厘米）。

7. 从一端卷起来。

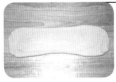

8. 按扁后再擀长。

9. 两端往中间折。

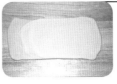

10. 再擀宽擀长（宽约 20 厘米，长约 30 厘米）。

11. 切成宽约 6 毫米的长条。

12. 左手捏住面条左端，右手顺一个方向拧面条。

13. 对折后，左手保持对折处有个洞，右手继续拧面条。

14. 再对折，把右手的面条端塞进左手预留的小洞中，整理成麻花形状。

15. 依次做好所有麻花生坯。

16. 油锅大火烧热后转中小火，下入麻花生坯，炸至金黄即可出锅，筛糖粉或奶粉后食用。

二狗妈妈碎碎念

1.水油皮中的玉米油可以用任意植物油替换，也可以用15克猪油或黄油替换。

2.油酥面团中的猪油可以用等量黄油替换，也可以用50克植物油替换。

3.表面的糖粉或奶粉可以省略，如果喜欢吃甜一些的，水油皮面团中的糖量可增加。

山药饼

火遍抖音的山药饼，做法真的很简单，口感超级软哟！

原料

去皮的铁棍山药 340克

猪油30克

鸡蛋2个

糖30克

酵母4克

中筋粉320克

〇 数量：

20~25个

做法

1. 将340克去皮的铁棍山药放在蒸锅里蒸熟。

2. 趁热捣成泥。

3. 加入30克猪油。

4. 戴手套抓匀后加入2个鸡蛋。

5. 抓匀后加入30克糖、4克酵母。

6. 混合均匀后，加入320克中筋粉。

7. 揉成面团。

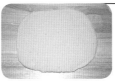

8. 案板上撒一些干面粉，把面团放在案板上擀成厚约1厘米的大面片。

9. 用直径约6厘米的圆圈扣出小饼。

10. 扣好的小饼盖好保鲜袋，静置30分钟。

11. 不粘锅小火烧热，不用刷油，把小饼放入锅中，盖好锅盖，烙2分钟左右。

12. 翻面，再盖锅盖，烙2分钟左右，按压小饼侧面，立即弹起就可以出锅了。

二狗妈妈碎碎念

1. 最好用铁棍山药，含水量少，口感好。

2. 猪油可以用等量黄油、椰子油、植物油替换。

3. 静置时间非常关键，如果您家的室温较低，那就增加静置时间，静置后的小饼明显变高一些才可以烙制。

4. 平底锅中不用放油，如果您喜欢更香一些，放油也可以。

5. 如果喜欢奶香味，那就用10克奶粉替换10克面粉。

手抓饼

不知道因为啥，手抓饼成网红了，网红的不是手抓饼本身这个饼，而是由这个饼衍生出来的无限创意吃法。得了，咱先把饼做出来吧，外面卖的用的啥油咱也不知道，把饼做出来以后，想咋创意就咋创意吧！

原料

中筋粉400克
开水200克
冷水100克
植物油20克
无盐黄油50克
干面粉少许
盐1克
食用油适量

○ 数量：
8个

做法

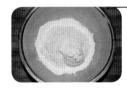

1. 将400克中筋粉倒入盆中。

2. 加入200克开水迅速搅匀。

3. 再加入100克冷水搅匀，再加入20克植物油。

4. 和成面团（比较粘手，和成团就可以了），盖好醒30分钟。

5. 将50克无盐黄油放入小碗中，隔热水熔化后备用。

6. 案板上撒少许面粉，把面团放案板上搓长分成8份。

7. 案板上抹油，取一块面团擀成大薄片。

8. 表面刷一层熔化的无盐黄油，撒少许干面粉、1克盐，用手抹匀。

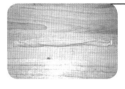

9. 折成扇页状。

10. 从一头开始卷起来，尾端按扁。

11. 把尾端压在整个饼坯的下方。

12. 按扁备用。

13. 依次做好8个，盖好静置10分钟。

14. 擀成薄薄的圆饼。

16. 大概2分钟左右，翻面，烙至两面金黄即可出锅。

15. 平底锅大火烧热后转中火，放少许食用油后，把饼坯放在锅中。

17. 如果不着急吃，那就每个饼坯之间用油纸隔开，放在冰箱冷冻保存，随吃随取，不用解冻，直接烙熟即可。

二狗妈妈碎碎念

1.建议揉面团的时候戴PVC手套，不然真的粘手粘到抓狂。

2.无盐黄油可以用等量猪油替换，效果更好哟。

3.刷完黄油再撒一点干面粉和盐，是要达到起酥出层的效果，干面粉不用过多，薄薄的一层即可。

4.手抓饼有很多种创意吃法，我知道的给您说几种：

（1）香蕉酥：在一张手抓饼里卷一根去皮的香蕉，切一厘米厚的片，切面朝上码放在烤盘上，刷蛋黄液，放入预热好的烤箱，中层，上下火，200℃20~23分钟至表面金黄。

（2）香肠酥：把手抓饼切成和小香肠长度一样的宽条，每个宽条卷一根小香肠，表面刷蛋黄液，撒芝麻，放入预热好的烤箱，中层，上下火，200℃20~23分钟至表面金黄。

（3）蝴蝶酥：把三张手抓饼上撒白砂糖，然后叠放在一起，擀薄，从两端往中间卷起，入冰箱冷冻至硬挺，切成4毫米左右的厚片，切面朝上，放入预热好的烤箱，中层，上下火，200℃20~23分钟至表面金黄。

（4）拉丝红薯酥：蒸熟的红薯加入一些糖和牛奶混合均匀，把红薯泥铺满在一张手抓饼上，中间撒一些马苏里拉奶酪丝，卷起来，切成小段。表面刷全蛋液，撒芝麻，放入预热好的烤箱，中层，上下火，200℃20分钟至表面金黄。

（5）紫薯芝士饼：把蒸熟的紫薯和一些牛奶混合均匀，取一张手抓饼，中间先铺一层马苏里拉奶酪丝，再铺一层紫薯泥，再放一层奶酪丝，包起来，捏紧收口，收口朝下，表面刷蛋黄液，入预热好的烤箱，中层，上下火，200℃20分钟至表面金黄。

（6）香蕉披萨：取一张手抓饼放在烤盘上，上面铺一层香蕉泥，再撒一层马苏里拉奶酪丝，入预热好的烤箱，中层，上下火，200℃20分钟至表面奶酪熔化有一些焦斑。

（7）火腿鸡蛋饼：手抓饼放在烧热的平底锅上，表面撒一层火腿丁，再浇一层鸡蛋液，底部定型后翻面，把鸡蛋火腿这面煎至金黄即可。

（8）手抓饼版拿破仑：把手抓饼切成长方形小块，我们需要9小块，放入烤盘，放入预热好的烤箱，中层，上下火，200℃15~20分钟至两面金黄。取出凉透后，3块一组，每一块上面挤上打发好的淡奶油，叠放在一起，最上面一层装饰喜欢的水果就可以啦。

（9）酥皮汤圆：取一张手抓饼分为4块，每块中间放一颗解冻好的汤圆，包起来，搓圆，平底锅中不用放油，直接小火煎，煎的时候整理成正方体，每一面都煎至金黄就可以啦。

（10）酥皮菜盒子：做一些自己喜欢的素馅，用手抓饼包起来，捏紧收口，小锅煎至两面金黄就可以啦。

更多的创意吃法您自己再琢磨吧。

桃花酥

"暖暖的春风迎面吹，桃花朵朵开，枝头鸟儿成双对，情人心花儿开……"每次做桃花酥，
我的耳边就会响起这首欢快的歌，希望所有单身男女朋友吃了这款桃花酥，都能交桃花运！

桃花酥

○ 水油皮面团：
水60克
猪油40克
中筋粉120克
糖10克

○ 油酥面团：
低筋粉100克
猪油55克
粉红色素2滴

○ 馅：
红豆馅约300克

○ 表面装饰：
蛋黄液、黑芝麻

○ 数量：
12个

👨‍🍳 做法

1. 将 60 克水、40 克猪油、120 克中筋粉、10 克糖放入面包机内桶。

6. 取一块水油皮面团按扁，包入一个油酥面团，捏紧收口，依次做好 12 个。

2. 放入面包机，启动和面程序，定时 20 分钟，这是水油皮面团，盖好静置 20 分钟。

7. 收口朝上按扁，擀开后卷起来，依次做好 12 个。

3. 将 100 克低筋粉放入大碗中，加入 55 克猪油、2 滴粉红色素，抓匀后备用，这是油酥面团。

8. 把卷好的面柱收口朝上按扁后擀长，卷起来。

4. 把红豆馅分成 25 克一个的小球，共分 12 个小球。

9. 依次做好 12 个。

5. 把静置好的水油皮面团和油酥面团各分成 12 份。

10. 取一个面柱，收口朝上，从中间压一下后，把两端往中间收，按扁后擀成圆形面片。

11. 取一个红豆馅放在面片中间，用虎口往上收，用面片包住红豆馅。

16. 送入预热好的烤箱，中下层，上下火，180℃ 30分钟，烘烤10分钟就加盖锡纸。

12. 捏紧收口后，收口朝下按扁。

13. 用剪刀剪5刀后，把每一个花瓣捏尖。

14. 用锋利的刀片在每个花瓣上都划上两刀。

15. 全部做好后，都码放在不粘烤盘上，在花蕊位置刷蛋黄液，点缀一点黑芝麻。

二狗妈妈碎碎念

1.粉红色素一定不要加太多，不然桃花颜色太鲜艳并不是十分好看。

2.猪油可以用等量无盐黄油替换，如果想用植物油替换，那水油皮和油酥中分别减少10克左右。

3.注意面团随时用保鲜膜覆盖，以免面团被风干，不好操作。

4.用锋利的刀片划两刀，一定要把面皮划透，这样烤出来后，更立体、更好看。

酸辣柠檬鸡爪

本来吧，这本书我没想收录菜品内容的，但因为这款美食实在是太火了，思来想去，我的书不是爆款美食嘛，那应该有它的一席之地呀！

原料

鸡爪500克　　　　小米辣碎25克
花椒3克　　　　　醋70克
大葱3段　　　　　生抽30克
姜3片　　　　　　盐6克
料酒30克　　　　　柠檬1个
蒜末30克　　　　　百香果1个
线椒碎25克　　　　香菜碎30克

做法

1. 500克鸡爪剪去趾甲，洗净。

2. 把鸡爪放入锅中，加冷水没过鸡爪，放3克花椒。

3. 大火烧开，翻拌均匀，煮约1分钟。

4. 把鸡爪捞出，用剪刀剪成小块，放在干净的锅中。

5. 加冷水没过鸡爪，加入3段大葱、3片姜、30克料酒。

6. 大火烧开，转中火，盖锅盖，炖8~10分钟。

7. 把炖好的鸡爪捞出后，浸入冰水中，彻底凉透。

8. 准备好30克蒜末、25克线椒碎、25克小米辣碎。

9. 加入70克醋、30克生抽。

10. 把凉透的鸡爪沥干水分放在盆中，把准备好的料汁倒进盆中，加入6克盐。

11. 一个柠檬切片放在盆中，再加入一个百香果的果肉、30克香菜碎，拌匀后尝一下味道，根据自己的喜好调整后放入冰箱冷藏大概6小时后食用（中间翻拌几次）。

二狗妈妈碎碎念

1.鸡爪用花椒水煮后一定要用冷水清洗干净，这样做出的鸡爪皮比较有弹性。

2.一个鸡爪我用剪刀剪成了3块，您也可以根据自己的喜好，不剪开或者剪大块。

3.百香果的加入是综合一下酸味，如果实在没有可以不加，但加了真的很好吃哟。

4.所有调料都可经按您的口味进行调整，我不能吃太辣的，所以辣椒没有放很多。

枣糕

走在街头，离着八丈远就能闻到的枣糕香，一直是我的最爱！自家做，真材实料，好吃是好吃，但咱们绝对做不出那种浓郁到极致的枣香气，道理我不说，您都懂的！

🍚 原料

红枣肉100克
牛奶160克
玉米油100克
鸡蛋6个
红糖90克
低筋粉220克
无铝泡打粉5克

○ 表面装饰：
白芝麻

○ 数量：
1个（边长20厘米
的正方形蛋糕，约
切18块）

👨‍🍳 做法

1. 边长20厘米的正方形活底模具内部铺油纸备用。

2. 准备好100克红枣肉放在料理机里，加入160克牛奶、100克玉米油。

3. 打成糊状备用。

4. 6个鸡蛋打入盆中，加入90克红糖。

5. 用电动打蛋器打至浓稠，提起打蛋器，画8字不容易消失的状态。

6. 分3次筛入220克低筋粉，每筛入一次都要翻拌均匀再筛入下一次，再筛入5克无铝泡打粉。

7. 低筋粉、无铝泡打粉全部筛入并拌匀的状态。

8. 把之前准备好的红枣牛奶糊倒入盆中。

9. 翻拌均匀。

10. 倒入模具，表面撒一层白芝麻。

11. 送入预热好的烤箱，中下层，上下火，160℃ 50分钟，上色后及时加盖锡纸。

二狗妈妈碎碎念

1.红枣肉不用打到非常细碎，有点颗粒感吃起来更好吃。

2.鸡蛋一定要用常温的鸡蛋，如果觉得不太好打发，可以把打蛋盆坐进温水里打发，一定要打发至提起打蛋器画8字不易消失的状态。

3.无铝泡打粉可以不加，但需要您打发鸡蛋非常充分，并且在筛入面粉时不消泡的情况下才可以不加哟。

4.出炉后按自己的喜好切块，我切的中等大小，约18块。

榨菜鲜肉锅盔

每次走到阿甘锅盔摊位前，总是买几个带走，可是带回家以后就不酥脆了，怎么办呢？咱就自制吧！刚出炉的锅盔，超级好吃，脆极了！

原料

○ 面团：
水120克
植物油15克
中筋粉200克

蚝油1克
五香粉少许
白胡椒粉少许

○ 表面装饰：
白芝麻

○ 馅：
猪肉馅150克
榨菜碎30克
香葱碎20克
香油3毫升

○ 数量：
3个

做法

1. 将120克水倒入盆中，加入15克植物油搅匀，加入200克中筋粉。

2. 揉成光滑的面团，盖好静置30分钟。

3. 静置面团的时间，我们来做榨菜肉馅：150克猪肉馅放在碗中，加入30克榨菜碎、20克香葱碎。

4. 加入3克香油、10克蚝油、少许五香粉、少许白胡椒粉，抓匀备用。

5. 把静置好的面团分成3份。

6. 放在盘中，表面刷油，盖好，再静置20分钟。

7. 手上抹油，取一块面团按扁，中间包入准备好的肉馅。

8. 捏紧收口。

9. 收口朝下，擀成薄饼。

10. 码放在烤盘上，再用手按压得更薄一些。

11. 用牙签扎一些小孔，再在表面撒白芝麻，再用手把白芝麻按牢固一些。

12. 送入预热好的烤箱，中层，上下火，210 ℃ 30分钟。

二狗妈妈碎碎念

1.面团要充分静置，延展性才强，擀的时候不容易破皮，如果破一点皮也没关系。

2.肉馅可以换成您喜欢的馅，我个人比较喜欢这个馅，因为有榨菜的咸和蚝油的咸，我就没有再放盐。

3.在案板上稍擀成薄饼后，重点是放在烤盘上，再用手去按薄按大一些，如果一开始就在案板上擀得特别薄，不容易往烤盘上移放。

4.烘烤的时候注意观察，我全程没有盖锡纸，颜色刚刚好。

彩虹馒头

 原料

水320克
糖60克
酵母6克
中筋粉600克
红曲粉2克
紫薯粉3克
蝶豆花粉2克
抹茶粉2克
南瓜粉2克
可可粉2克

我们可不是一般的馒头，我们可有内涵了呢！

做法

 1. 将 320 克水倒入盆中，加入 60 克糖、6 克酵母搅匀，加入 600 克中筋粉。

 2. 搅成絮状后，分出 7 份，分别是 300 克、180 克、150 克、120 克、90 克、70 克、50 克。

 3. 在 180 克面絮中加入 2 克红曲粉，在 150 克面絮中加入 3 克紫薯粉，在 120 克面絮中加入 2 克蝶豆花粉，在 90 克面絮中加入 2 克抹茶粉，在 70 克面絮中加入 2 克南瓜粉，在 50 克面絮中加入 2 克可可粉。

 4. 分别揉成面团，白色的盖好备用。

 5. 把 6 种彩色面团都搓长，各分成 10 份。

 6. 各色面团各取一个，分别揉圆擀开，注意排序，按自大向小的顺序排开。

 7. 把最大的红色面片放在底部，刷水后依次放上紫、蓝、绿、黄、咖色面片，依次做好 10 组。

 8. 把白色面团揉匀搓长，分成 10 份。

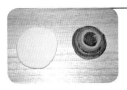 9. 取一块白色面团揉圆擀开，注意擀的面片要比彩色面片大一圈。

 10. 在白色面片上刷水后，把彩色面片放在中间。

 11. 左手虎口往上收，右手拇指往下压，边转边用左手虎口收紧。

 12. 把彩色面片都包在白色面片里，捏紧收口。

 13. 收口朝下，整理成稍高一些的馒头形，依次做好 10 个。

 14. 蒸锅放足冷水，把馒头底部垫油纸后放进蒸锅，盖好，静置 30~40 分钟，大火烧开转中火，20 分钟，关火闷 5 分钟后再出锅。

二狗妈妈碎碎念

1.果蔬粉的放置顺序不一定和我的一样，选择果蔬粉的颜色也可以和我的不一样。

2.面絮分成7份时，有的面絮湿度会高一些，那就再加一点面粉调整，有的面絮偏干，那就再淋一点水调整。

3.本款馒头只用了一次发酵，是因为整形时间有点长，二发的时间要注意自己控制好，一定要看到馒头明显变胖才可以开火蒸制。

红糖开花馒头（老面法）

在喧闹的早市上，您是不是和我一样，总是被热气腾腾的红糖开花馒头所吸引，不管队伍排得多长，一定要跟在后面，和老公边聊边排队，到了摊位前面，买上三五个，闻着红糖那个香气就觉得超级满足。

原料

○ 老面：
水120克
耐高糖酵母3克
低筋粉200克

○ 红糖面团：
红糖100克
开水40克
老面全部
低筋粉130克
无铝泡打粉6克
面粉适量

做法

1. 将120克水放入盆中，加入3克耐高糖酵母，搅匀后加入200克低筋粉，揉成面团，盖好，室温静置约5小时。

2. 这是发酵好的状态，全部都是细密的蜂窝状，这是老面。

3. 100克红糖放在碗中，加入40克开水，搅至红糖溶化，静置10分钟至红糖水变温。

4. 把老面放在盆中，把红糖水倒入盆中。

5. 加入130克低筋粉、6克无铝泡打粉。

6. 混合均匀，揉成面团。

7. 案板上撒面粉，把红糖面团放在案板上搓成长条。

8. 用手揪成一小段一小段的，把揪的毛口面朝上，放在油纸上。

9. 蒸锅放足冷水，把红糖馒头放进蒸屉里。

10. 盖好锅盖，静置10分钟后，大火烧开转中火，蒸15分钟，关火后闷5分钟再出锅。

二狗妈妈碎碎念

1. 老面一定要发酵充分，这样后期的膨发力才强大，因为红糖的用量较多，所以要用耐高糖酵母效果才更好。

2. 无铝泡打粉一定要用，这是开花的关键点，利用高温加热，使得面团迅速膨发，造成开花效果。

3. 揉好红糖面团直接整形，并且只需要静置10分钟后就可以上锅蒸，不需要二发非常充分，这也是开花的关键点。

4. 如果喜欢，可以在面团中加入一些红枣肉，更香更好吃哟。

5. 低筋粉可以全部用中筋粉等量替换，但中筋粉做出来的口感较扎实，没有低筋粉的松软。

咸蛋黄肉松青团

要排长队买的网红青团，咱自己在家做吧，因为有排队的那个工夫，咱都可以在家做好几锅咯！

原料

○ 青团皮：
新鲜艾草150克
小苏打3克
澄面25克
开水25克
糯米粉200克
粘米粉45克
冷水200克

○ 咸蛋黄肉松馅：
咸蛋黄10个
（约120克）
肉松150克
沙拉酱80克

○ 数量：
16个

5. 25克澄面加25克开水搅匀。

6. 另取一个盆，放入200克糯米粉、45克粘米粉，把澄面倒入盆中。

7. 把艾草糊糊过滤出200克艾草汁，直接放入糯米粉盆中。

做法

1. 150克新鲜艾草择去硬梗，洗净。

8. 揉成面团。

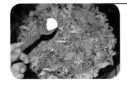

2. 锅内烧开水，把艾草放进锅中，加入3克小苏打。

9. 面团放在硅胶垫上搓长，分成16份，盖好备用。

3. 煮到艾草一变色就捞出，迅速过冷水。

10. 10个咸蛋黄喷白酒后放入烤箱，中层，180℃ 10分钟烤熟。

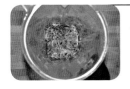

4. 把艾草捞至料理机，加入200克冷水，打成糊糊备用。

11. 趁热用勺子碾碎。

12. 把咸蛋黄碎放在盆中，加入 150 克肉松、80 克沙拉酱。

17. 蒸锅放足冷水，蒸屉铺油纸，油纸上扎一些孔，把生坯码入锅中。

13. 抓匀。

18. 大火烧开转中火，蒸 15 分钟。

14. 分成 16 份，揉成小球备用。

15. 取一块面团，按扁，包入 1 个咸蛋黄肉松馅，用左手虎口收，右手拇指按住馅。

16. 捏紧收口后，揉圆，依次包好 16 个青团生坯。

二狗妈妈碎碎念

1.馅中的沙拉酱可以用100克红豆馅替换，也很好吃。当然，您如果不喜欢吃咸蛋黄肉松馅，也可以用红豆馅、奶黄馅、绿豆馅等您喜欢的馅料替换，每个馅料控制在20克左右即可。

2.我为了降低糯米粉的黏度，添加了粘米粉，为了让青团不容易开裂，添加了澄面的烫面面团。

3.青团遇冷会硬，吃的时候要加热。

4.如果不容易买到新鲜艾草，可以网购，如果不愿意网购，可以用200克麦青汁或菠菜汁替换，不过味道没有艾草的好吃哟。

「加油」馒头

2020 年的这个春节，是我 43 年来最刻骨铭心的。新冠肺炎的疫情，让本该热闹的春节变得异常安静……无意中从抖音里看到了这款馒头，看得我热泪盈眶。我们中国人，从没有被困难吓退缩过，这个时候，响应国家号召，能不出门就不出门，相信国家相信党，这场仗我们肯定能打赢！那么，宅在家里的时候，我们就用这种方式给我们的国家加油吧！中国必胜！

原料 🔖

水130克　　　糖20克　　　　　　中筋粉300克　　　　　竹炭粉2克

植物油10克　　酵母3克　　　　　红曲粉4克

 做法

1. 将130克水倒入盆中，加入10克植物油、20克糖、3克酵母。

6. 从1份红色面团切下来20克小面团，揉成6厘米长的圆柱，从黑色面团上切下来20克擀成长方形薄片。

2. 搅匀后加入300克中筋粉。

7. 用黑色面片把小红面柱包起来，再从红色面团切下来20克，擀成长方形面片，用红色长方形面片把左边的黑红面柱包起来备用。

3. 搅成絮状后，另取2个小碗，分别盛出220克、100克面絮，在220克面絮中加入4克红曲粉，在100克面絮中加入2克竹炭粉。

8. 从红色面团切下来25克，揉成6厘米长的圆柱，从黑色面团上切下来13克面团，擀成正方形。

4. 分别揉成面团，其中白色面团先盖好备用。

9. 用黑色面片围住红色面柱的上方和右方。

5. 把红色面团分成2份，先留1份备用。

10. 从中间斜着切开，再从黑色面团上切下来10克面团，擀成长方形面片。

11. 把长方形面片粘在切开的黑红面柱中间，其中上方要多出来一些，再从红色面团上切下来 12 克，擀成长片后一分为二，分别粘在"力"的上方两侧。

17. 把正方形面片粘在切开的红黑面柱中间，上方要多出来一些，"由"字就做出来了。我们再从红色面团上切下来 18 克，揉成长条状后从中间切开。

12. 把"力"和之前做好的"口"用水粘在一起后，把剩下的红色面团擀成长方形面片，把"加"字包起来。

18. 用水粘在"由"字上方两侧。

13. 这是包好的样子，放在一边盖好备用，此时，我们只用了一块红色面团哟。

19. 从红色面团上切下 20 克擀成厚片当底座，然后准备好 3 条黑色面柱，每条约 4 克，再准备 2 条红色面柱，每条约 3 克，如图所示，交错开，粘在红色底座上。

14. 从第二块红色面团上切下来 25 克，揉成 6 厘米长的面柱后，从中间切开，再从黑色面团上切下来 10 克，擀成长方形面片，用水粘在红色面柱中间。

20. 把第 19 步做好的面团红色底座部分的底端刷水后粘在"由"的左边，"油"就做好了，再把剩下的所有红色面团擀成长方形，把"油"字包起来。

15. 再从黑色面团上切下来 30 克，擀成长方形面片，把左边的红黑面柱包起来。

21. 现在"加油"两个字就做好了。

16. 把第 15 步做好的面柱从中间切开，注意方向，再从黑色面团上切下来 15 克，擀成正方形面片。

22. 把"加"字在前，"油"字在后，对接在一起，对接的地方切齐一些，把白色面团擀成长方形面片。

23. 用白色面片把"加油"包起来。

24. 蒸锅放足冷水，把馒头垫油纸后放在蒸屉上，盖好，室温静置50~60分钟。

25. 大火烧开转中火，25分钟，关火后焖5分钟再出锅，稍凉切片。

二狗妈妈碎碎念

1.这款馒头看着步骤比较多，其实做起来不是很麻烦，如果实在不明白，请看我2020年2月8日晚上的直播吧。

2.红色面团一共分成了两块，那么每一个字用一块红色面团，我说的从红色面团上切下来的面团，都是从这一个字的一块红色面团上切下来的。

3.本款馒头只用了一次发酵，是因为整形时间有点儿长，那二发的时间就要注意控制，一定要看到馒头明显变胖才可以开火蒸制。夏天室温高，可以在40分钟的时候就看一下状态，冬天室温低，那就在50分钟时候去看一下状态。

4.如果您喜欢外观更好看一些，那就再揉一些彩色面团，在白色面皮上面装饰一些花朵。

《精油全书（珍藏版）——30年芳疗经验集成》
金韵蓉/著
跟随大师引领，探索精油世界，事半功倍。
达人从容进阶、新人快速上手。

《我们的无印良品生活》
[日]主妇之友社/编著 刘建民/译
简约家居的幸福蓝本，
走进无印良品爱用者真实的日常，
点亮收纳灵感，让家成为你想要的样子。

《有绿植的家居生活》
[日]主妇之友社/编著 张峻/译
学会与绿植共度美好人生，
30位Instagram（照片墙）达人
分享治愈系空间。

悦 读 阅 美 · 生 活 更 美